解 读 地 球 密 码

丛书主编　孔庆友

地球美姿

地 貌

Landform

Beautiful Appearance of the Earth

本书主编　高善坤　魏　嘉　刘善军

山东科学技术出版社

·济南·

图书在版编目（CIP）数据

地球美姿——地貌 / 高善坤，魏嘉，刘善军主编 .
-- 济南：山东科学技术出版社，2016.6（2023.4 重印）
（解读地球密码）
ISBN 978-7-5331-8354-7

Ⅰ.①地… Ⅱ.①高… ②魏… ③刘… Ⅲ.①地貌 - 普及读物 Ⅳ.① P931-49

中国版本图书馆 CIP 数据核字 (2016) 第 141836 号

丛书主编　孔庆友
本书主编　高善坤　魏　嘉　刘善军

地球美姿——地貌
DIQIU MEIZI——DIMAO

责任编辑：焦　卫　宋丽群
装帧设计：魏　然

主管单位：山东出版传媒股份有限公司
出 版 者：山东科学技术出版社
地址：济南市市中区舜耕路 517 号
邮编：250003　电话：（0531）82098088
网址：www.lkj.com.cn
电子邮件：sdkj@sdcbcm.com
发 行 者：山东科学技术出版社
地址：济南市市中区舜耕路 517 号
邮编：250003　电话：（0531）82098067
印 刷 者：三河市嵩川印刷有限公司
地址：三河市杨庄镇肖庄子
邮编：065200　电话：（0316）3650395

规格：16 开（185 mm × 240 mm）
印张：9.5　字数：177 千
版次：2016 年 6 月第 1 版　印次：2023 年 4 月第 4 次印刷
定价：38.00 元

审图号：GS（2017）1091 号

普及地质科学知识
提高民族科学素质

李廷栋

2016年元月

传播地学知识，弘扬科学精神，践行绿色发展观，为建设美好地球村而努力。

翟裕生

2015年10月

贺 词

自然资源、自然环境、自然灾害，这些人类面临的重大课题都与地学密切相关，山东同仁编著的《解读地球密码》科普丛书以地学原理和地质事实科学、真实、通俗地回答了公众关心的问题。相信其出版对于普及地学知识，提高全民科学素质，具有重大意义，并将促进我国地学科普事业的发展。

国土资源部总工程师

编辑出版《解读地球密码》科普丛书，举行业之力，集众家之言，解地球之理，展齐鲁之貌，结地学之果，蔚为大观，实为壮举，必将广布社会，流传长远。人类只有一个地球，只有认识地球、热爱地球，才能保护地球、珍惜地球，使人地合一、时空长存、宇宙永昌、乾坤安宁。

山东省国土资源厅副厅长

编著者寄语

★ 地学是关于地球科学的学问。它是数、理、化、天、地、生、农、工、医九大学科之一，既是一门基础科学，也是一门应用科学。

★ 地球是我们的生存之地、衣食之源。地学与人类的生产生活和经济社会可持续发展紧密相连。

★ 以地学理论说清道理，以地质现象揭秘释惑，以地学领域广采博引，是本丛书最大的特色。

★ 普及地球科学知识，提高全民科学素质，突出科学性、知识性和趣味性，是编著者的应尽责任和共同愿望。

★ 本丛书参考了大量资料和网络信息，得到了诸作者、有关网站和单位的热情帮助和鼎力支持，在此一并表示由衷谢意！

科学指导

李廷栋 中国科学院院士、著名地质学家

翟裕生 中国科学院院士、著名矿床学家

编著委员会

目录

CONTENTS

大地之容——地貌知识概谈

地貌的功能与价值/9

地貌绚丽多彩、美轮美奂，是重要的旅游资源之一，具有重要的旅游开发价值。由于其复杂的类型和成因机理，地貌还具有重要的科研、科普价值。

Part 2 鬼斧神工——地貌成因解读

地貌形成四要素/14

地貌形成和发育的过程受到地质作用、物质组成、地质构造及作用时间四方面因素的影响。

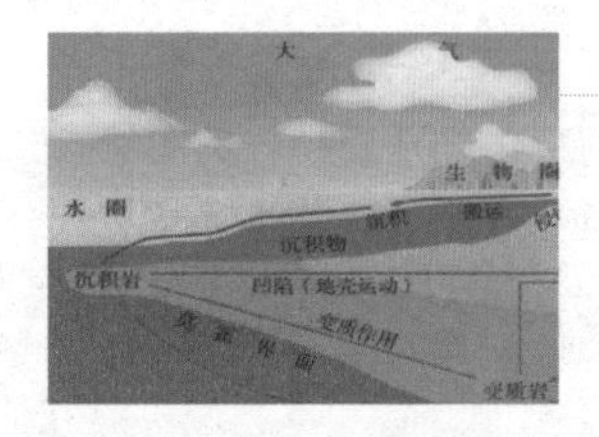

地貌形成五部曲/20

无论地貌形成的过程多么复杂，都少不了构造变形、风化、剥蚀、搬运、沉积5个过程和环节。

地貌的轮回/24

在内外力交互作用下，山地可以逐渐被外力作用剥蚀为平原，而平原由内力作用抬升后又会被外力作用剥蚀、切割为山体，形成平原与山地的地貌轮回，科学家们称之为“戴维斯地貌循环”。

地貌的成因类型/26

不同地区地质作用对地貌的影响有显著差异，这些地质作用因素的差异形成了不同的地貌形态特征，造就了绚丽多彩的地貌类型。

Part 3 梦幻星球——世界地貌奇观

世界地貌格局/38

地球表面积5.1亿平方千米。其中，海洋面积为3.6亿平方千米，占地球总表面积的71%。陆地面积为1.5亿平方千米，占地球总表面积的29%。大型山系、高原、盆地、平原地貌主要受到构造运动控制，分布有一定规律。

震撼的几何之美——世界构造地貌/41

构造地貌一般会呈现规则的形态，可以让人感受到震撼的几何之美，也最能让人感受到地质作用的伟大力量。科罗拉多大峡谷、撒哈拉大眼睛、巨人之路是构造地貌的典型代表。

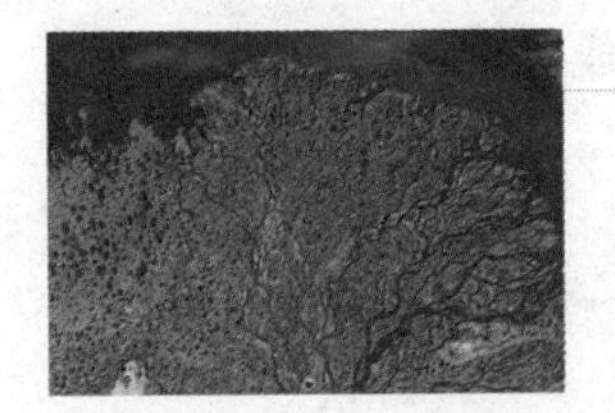

秀丽山川——世界流水地貌/50

水看似柔弱，却具有无穷的能量，流水的作用形成了世界上壮观的河流地貌、瀑布景观。流水地貌广泛分布于地球的各个角落。

梦幻仙境——世界岩溶地貌/55

岩溶地貌在世界上分布很广，占地球总面积的10%，从热带到寒带或者由大陆到海岛都有它的踪迹。这些秀丽的峰林、奇特的溶洞、五彩缤纷的钙华景观充分展示了岩溶地貌的神奇魅力。

海滨风光——世界海蚀海积地貌/61

海蚀海积地貌广泛分布于各个沿海地区，不同的海岸岩性、气候特征、地形和海浪条件造就了多彩的海蚀海积地貌，有些地区形成了优美的沙滩景观，有些地区的海蚀地貌较为壮观。

高山冰魂——世界冰川地貌/65

冰川覆盖了地球陆地面积的11%，主要分布于南极洲、格陵兰及地球上的高大山系中。

干旱地区的风景——世界风成地貌/70

世界上干旱荒漠的面积约占全球陆地总面积的1/4，主要分布在北非、西南亚、中亚和澳大利亚等地区。这些地区强劲的风力作用形成了独特的荒漠地貌。

锦绣中华——中国特色地貌

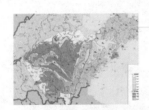

Part 6 走向和谐——地貌与人类的关系

地貌影响人类活动/124

地貌是地理环境的重要基础要素之一，也不同程度地决定着气候、水文、植被、土壤等其他对人类有重大影响的地理环境要素，并控制着农业、工业、交通等人类生产活动的布局和类型。

人类加速改造地貌/127

人类活动是一种影响地貌的非自然营力，进入现代文明时期以来，人类对自然界的影响越来越强烈。时至今日，除了内外力两类主要自然动力外，人类活动已成为塑造地貌的重要营力。

保护地貌人人有责/132

庆幸的是，人类在改造自然的同时，也逐渐认识到了人类活动对地貌的破坏作用，并有意识地采取一些措施，预防和治理对地貌造成的破坏和不良影响。

参考文献/135

地学知识窗

构造作用原理/15　背斜山、背斜谷、向斜山和向斜谷/18　三大类岩石/19　方山/42　构造穹窿/44　钙华池池水颜色缤纷多彩的原因/61　峡湾成因/69　黄土/90　黄土塬/92　午城黄土/93　黄土墚/93　黄土柱/94　地质公园/132

Part 1 大地之容——地貌知识概谈

地貌，是地球岩石圈表面起伏形态的总称，是人类所处地理环境的重要组成部分，是人类繁衍生息的场所。地貌由于其形态、成因、作用因素的不同，其类型千变万化、千姿百态，如同一幅幅特色迥异的自然画卷，构成了众多具有不同风格、不同色彩、不同造型的自然风景的骨架和主体，具有重要的旅游开发、科研和科普价值。

地貌的概念

在浩瀚的宇宙中，有 颗蓝色的星球，像一颗美丽的钻石镶嵌在无垠的星空之中，它就是我们的美丽家园——地球。在这颗美丽的星球上，有壮丽高耸的崇山峻岭，有幽静深邃的峡谷，有开阔无垠的平原，有无边无际的海洋，这些都是地貌。地貌，也称地形，是地球表面的起伏形态的总称。

地貌是绚丽多姿的，其造型千姿百态，其颜色五彩缤纷，其风格迥异有别。正是地貌具有如此高的审美价值，才成为众多自然风景的骨架和主体，并形成了众多著名的旅游景点。

地貌是地球内外营力的杰作。在地球漫长的演化过程中，地球表面受到构造运动、火山、地震等地球内力作用，以及流水、冰川、海浪、生物等外力作用的双重影响，逐渐形成了千姿百态、形态各异的地形、地貌。

地貌是地理环境中的一个重要因素，尤其是在生产力水平较低的古代，人类的生产生活乃至生存都与地貌形态密切相关。从中国的远古神话到西方《圣经》的传说，地貌形态及其形成与发展一直是人类关注的对象。

地貌的类型与空间单元

一、地貌的类型划分

地貌的类型是多种多样的，根据不同划分依据，地貌可以划分为不同的类型。一般而言，地貌可以依据形态特征、主导营力作用、成因过程、物质基础和尺度进行分类，见表1-1。

表1–1 地貌的基本分类

分类依据	陆地地貌基本类型
形态特征	山地、平原、高原、丘陵、盆地
主导营力作用	构造地貌（包括大地构造地貌、地质构造地貌等）、流水地貌、冰川地貌、风成地貌、海蚀海积地貌、岩溶地貌等
成因过程	构造地貌、风化地貌、剥蚀地貌、堆积地貌
物质基础	碎屑岩地貌（包括丹霞地貌、张家界地貌等）、花岗岩地貌、变质岩地貌、火山岩地貌、松散堆积物地貌（包括黄土地貌等）
尺度	星球地貌、巨型地貌、大地貌、中地貌、小地貌、微地貌

二、地貌的尺度单元

地貌形体在空间规模和尺度上有大有小，具有显著的差异，依据其尺度可划分为五个等次：星球地貌、巨型地貌、大地貌、中地貌、小地貌（表1–2）。其中，巨型地貌和大地貌在成因上属于大地构造地貌，是由于地球的构造运动形成的。

星球地貌是指整个地球的形态特征。地球是太阳系从内到外的第三颗行星，也是太阳系中直径、质量和密度最大的类地行星。地球的表面积为5.1×10^{8}平方千米，体积为1.08×10^{12}立方千米，质量为5.97×10^{24}千克，赤道半径为6 378.2千米，其大小在太阳系的行星中排第五位。

巨地貌包括大陆和海洋两个空间单元，是最大规模的地表形态。

大地貌，指的是大陆和海洋中的山脉、高原、平原等主要大型地貌，占有数万至数十万平方千米的面积，如陆地上的阿尔卑斯山系、喜马拉雅山系、青藏高原、巴西高原、长江中下游平原等。

中地貌，是指大地貌的次级单元，比如大型山脉、高原、平原、盆地中的次级山地、平原、台地、盆地、丘陵等，大陆边缘的大陆架、大陆坡、大陆隆，大洋盆地中的海盆、海岭、海槽、海台等，也指由特定物质基础、营力作用或地质构造形成的区域地貌类型，比如陆地上不同类型的山岳地貌、沙漠地貌、河流地貌、海蚀海积地貌、岛屿地貌等。

小地貌主要是受各种外力作用形成的多种多样的小型剥蚀地貌和堆积地貌，比如山岳地貌中的山峰、峡谷、山麓、洞穴等，河流地貌中的阶地、河漫滩、冲积扇，黄土地貌中的塬、墚、峁，岩溶地貌中的峰林、石林、溶洞，海蚀海积地貌中的海蚀崖、海蚀柱等等。

表1-2　地貌的尺度单元

尺度级别	规　模	类　型
星球地貌	5.1亿平方千米	整个地球的形态特征
巨地貌	数百万到数千万平方千米	大陆、海洋
大地貌	数十万至数百万平方千米	大陆中的山脉、高原、平原、盆地、丘陵，海洋中的大洋中脊、大洋盆地、大陆边缘
中地貌	数十平方千米至数千平方千米	山脉、高原、平原、盆地中的次级山地、平原、台地、盆地、丘陵等；海洋中的大陆坡、大陆隆、海盆、海岭、海槽、海台、海沟；特定地貌类型，如某一地区的山岳地貌、河流地貌、岩溶地貌、岩石地貌等
小地貌	一般小于数十平方千米	特定地貌类型的组成单元，比如山岳地貌中的山峰、峡谷、山麓、洞穴等，河流地貌中的阶地、河漫滩、洪积扇、冲积扇，黄土地貌中的塬、墚、峁，岩溶地貌中的峰林、石林、溶洞，海蚀地貌中的海蚀崖、海蚀柱等等

地貌的基本形态

人们很早就已形成了地貌形态的概念，并运用诸如山、丘陵、平原等词汇来指述地貌的形态特征。总体而言，地貌包括陆地和海洋两种形态：陆地地貌有平原和山地两种宏观形态，平原、丘陵、山地、高原、盆地五种基本形态（图1-1）（见表1-3）；海洋地貌有大陆边缘、大洋盆地、大洋中脊三种基本形态。

一、陆地地貌基本形态

1. 平原

平原一般指海拔在200米以下陆地表面的区域，地貌宽广低平、起伏很小，内部相对高差在50米以下。平原是陆地上最平坦的地域，好像铺在大地上的绿色地毯，坦荡千里，辽阔无垠。世界平原总面积约占全球陆地面积的1/4。平原可以分成堆积平原和剥蚀平原两类。堆积平原中的冲积平原主要由河流冲积而成，它的特点是地面平坦，面积广大，多分布在大江、大河的中、下游两岸地区。另一类是剥蚀平原，主要由海水、风、冰川等外力作用不断剥蚀、切割而成，平原给人以平

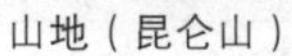

山地（昆仑山）

高原（青藏高原）

盆地（广西百色田东布兵盆地）

平原（三江平原）

丘陵（美国华盛顿州帕卡斯浅丘陵）

图1–1　五种陆地地貌基本形态

阔畅达的美感，一些河流冲积平原往往是远古以来人类的主要栖息地，不仅自然风光美丽，而且人文景观荟萃，生活生产条件便利。

2. 高原

高原通常指海拔超过500米（在我国

表1-3 大陆地貌基本地貌形态

类型	特征	分布	成因
山地	海拔都在500米以上，并且相对高度超过200米	全世界海拔1 000米以上的山地占陆地总面积的28%	地壳构造运动中水平方向的挤压、垂直方向的隆起、火山的喷发都可以造就成山地
高原	一侧或数侧为陡坡，顶面相对平坦宽广，海拔较高	除去南极大陆的冰盖高原以外，大约占全球陆地面积的30%	一个面积较大的地区，地壳比较均匀地抬升，当抬升的速度超过外力的侵蚀和剥蚀速度时，地表就会隆起成为高原
丘陵	表面起伏，但相对高度在200米以下	中国的丘陵面积有100万平方千米，约为全国总面积的1/10	主要由山地经各种外力作用剥蚀形成
平原	近于平坦或地势起伏平缓的开阔陆地，绝大多数海拔低于200米，地面起伏的相对高度小于50米	全世界的平原面积约1 872万平方千米，占陆地总面积的12.5%	地表接受剥蚀和剥蚀碎屑物质，填平原有地表起伏，称堆积平原。可再分为冲积平原、洪积平原、湖积平原、海积平原、冰水平原等多种类型；剥蚀—剥蚀作用将地面逐渐夷平而形成的平原称剥蚀平原
盆地	四周高、中间低的平地		地壳沉降形成构造盆地，风的剥蚀作用形成风蚀盆地，水的溶蚀作用形成溶蚀盆地；深居内陆称内陆盆地，与海洋有河流相通称外流盆地

通常超过1 000米）、面积较大、地面起伏相对较小的地区。雄伟挺拔、蜿蜒起伏的高原，是在长期、连续、大面积的地壳抬升运动中形成的。有的高原表面宽广平坦，地势起伏不大；有的高原则奇峰峻岭、山峦起伏，地势变化很大。高原以其高亢、辽远的空间美感，以及特殊的高原气候、自然环境和民俗特征，给人带来特殊的体验和神秘感，由此具有观光、休养、考察、探险等多种旅游价值。

3. 山地

山地通常指海拔超过500米、坡度较陡的地形。山地由山顶、山坡和山麓三个部分组成。山地以较小的峰顶面积区别于高原，又以较大的高度区别于丘陵。山地是五大基本地貌中最富多样性造型的自然景观资源，雄、奇、险、秀、幽及其组合变化，是山地地貌的主要审美特征。

4. 丘陵

丘陵通常指海拔低于500米、相对高度小于200米、坡度较缓的地形。根据起伏高度，相对高度小于100米者一般称为低丘陵，100~200米者一般称为高丘陵。丘陵起伏比山地和缓，但两者难以截然分开。因此部分丘陵具有与山地相似的旅游价值，同时也可能具有更丰富的人文景观。丘陵也容易被开发成果园和茶园，发展观光农业条件最好。

5. 盆地

盆地是指四周高中间低、相对高差一般在500米以上的地形区。盆地主要有两种类型：一种是地壳构造运动形成的盆地，称为构造盆地，如我国新疆的吐鲁番盆地、江汉平原盆地；另一种是由冰川、流水、风和岩溶剥蚀形成的盆地，称为剥蚀盆地，如我国云南西双版纳的景洪盆地，它主要由澜沧江及其支流剥蚀扩展而成。盆地的四周一般有高原或山地围绕，中部是平原或丘陵。盆地往往是众水汇集之地，多具有与冲积平原相类似的旅游价值。四川盆地就是比较典型的例子。

二、海洋地貌基本形态

海底有高耸的海山、起伏的海丘、绵延的海岭、深邃的海沟，也有坦荡的深海平原。纵贯大洋中部的大洋中脊，绵延8万千米，宽数百至数千千米，总面积堪与全球陆地相比（图1-2）。大洋最深点11 034米，位于太平洋马里亚纳海沟，超过了陆上最高峰珠穆朗玛峰的海拔（8 844.43米）。深海平原坡度小于

图1-2 全球大洋洋底地貌

1‰，其平坦程度超过大陆平原。整个海底可分为大陆边缘、大洋盆地和大洋中脊三大基本地貌形态（表1-4），以及若干次一级的海底地貌形态。

1. 大陆边缘

大陆边缘为大陆与洋底两大台阶面之间的过渡地带，约占海洋总面积的22%。通常分为大西洋型大陆边缘（又称被动大陆边缘）和太平洋型大陆边缘（又称活动大陆边缘）。前者由大陆架、大陆坡、大陆隆3个单元构成，地形宽缓，见于大西洋、印度洋、北冰洋和南大洋周缘地带。后者陆架狭窄，陆坡陡峭，大陆隆不发育，而被海沟取代，可分为海沟—岛弧—边缘盆地系列和海沟直逼陆缘的安第斯型大陆边缘两类，主要分布于太平洋周缘地带，也见于印度洋东北缘等地。

2. 大洋盆地

大洋盆地位于大洋中脊与大陆边缘之间，一侧与中脊平缓的坡麓相接，另一侧与大陆隆或海沟相邻，占海洋总面积的45%。大洋盆地被海岭等正向地形分割，构成若干外形略呈等轴状、水深4 000~5 000米左右的海底洼地，称海盆。宽度较大、两坡较缓的长条状海底洼地，叫海槽。海盆底部发育深海平原、深海丘陵等地形。长条状的海底高地称海岭或海脊，宽缓的海底高地称海隆，顶部面平坦、四周边坡较陡的海底高地称海台。

3. 大洋中脊

大洋中脊是地球上最长、最宽的环球性洋中山系，占海洋总面积的33%。大洋中脊分脊顶区和脊翼区。脊顶区由多列近于平行的岭脊和谷地相间组成。脊顶为新生洋壳，上覆沉积物极薄或缺失，地形十分崎岖。脊翼区随洋壳年龄增大和沉积层加厚，岭脊和谷地间的高差逐渐减小，有的谷地可被沉积物充填成台阶状，远离脊顶的翼部可出现较平滑的地形。

表1-4　海洋地貌的基本形态

基本形态	面积比例	次级形态
大陆边缘	22%	大陆架、大陆坡、大陆隆
大洋盆地	45%	海岭、海隆、海台、海槽、海沟、深海平原、深海丘陵
大洋中脊	33%	脊顶区、脊翼区

地貌的功能与价值

地貌是重要的旅游资源之一，具有重要的旅游价值。由于其复杂的类型和成因机理，地貌还具有重要的科研、科普价值。

一、地貌的旅游价值

地貌是重要的构景要素。自然界地貌类型繁多，规模差异巨大，广泛分布于地球表面的各个部位。地貌的形成均需要一组特定的自然条件，而自然条件中的每一种要素都有其自身的分布变化规律，因此形成了世界各地千差万别的地貌。正是由于地貌这种区域间差异性的存在，才使得地貌各具魅力，形成了各具特色的旅游景点、景区。一些规模较小的岩石地貌体，因其外形似人或动物而在风景区中形成独立的景点。如黄山的仙桃石，千山的佛手峰，路南石林中的剑峰、母子携游，丹霞山的阳元石、阴元石，长江三峡神女峰等，均是一些栩栩如生的特殊型地貌，因其形象特征的奇特而成为著名的旅游景点。有些类型的地貌具有整体形态上的独特性，可构成重要风景区或旅游胜地。如广东丹霞山、江西龙虎山、福建大金湖等风景区都是典型的丹霞地貌。而云南路南石林景区则是典型的岩溶地貌。

地貌是风景的骨架。地貌是许多自然风景胜地的形成基础，动态的水体、富有生机的生物及变幻无穷的气象景观，或以地貌为存在的基础，或以地貌部位为其观赏的最佳位置。在不同类型地貌基础上孕育的河流、湖泊等水文景观，森林、动物群等生物景观，会显现出显著的差异。相同的景物因坐落于不同的地貌环境中也会给人以不同的美感享受。例如，同样是观海，站在陡峭的岩石海岸和洁净的沙滩上会给人以不同的美的感受，而站在泥质海岸边则难以给人以美感。

地貌决定了风景的气势和纹理等主要美学特征。不同类型的地貌，具有不同的形态特征，可产生雄、险、奇、幽、秀、旷、野等不同的审美观感（图1-3），给游客带来不一样的吸引力。泰山以雄著称，华山以险闻名于世，桂林山水则秀甲天下，这些著名景区留给世人的深刻印象和评价，无一不是由其地貌的特点差异所决定的。杨慎《艺林伐山》描写到："玲珑剔透，桂林之山也；巉嵯窳窆，巴蜀之山也；绵延庞魄，河北之山也；俊峭巧丽，江南之山也。"因此，人们从总的观赏感受出发，常将中国风景概括为"北雄南秀"。而在自然地物的构景原则中，"峰峦宜远眺""丘壑主近视""江湖有俯瞰"等原则更突出了地貌在旅游风景区形成中的作用。

地貌是人文旅游资源的形成基础。在人文旅游胜地中，地貌旅游资源亦常常扮演着基础要素的角色，其中尤以古代宗教建筑、石窟造像、摩崖石刻、帝王陵寝、军事遗址和现代的狩猎场所、特殊体育场地、避暑胜地及疗养胜地最为突出。"天下名山僧占多"，地貌以其独特的魅力深受古代名人高士、僧尼道吕、文人志士、达官贵人的青睐，一方面，古人修亭建庙，择景而居，赋诗题字，以景明志，为

泰山之雄

黄山之奇

华山之险

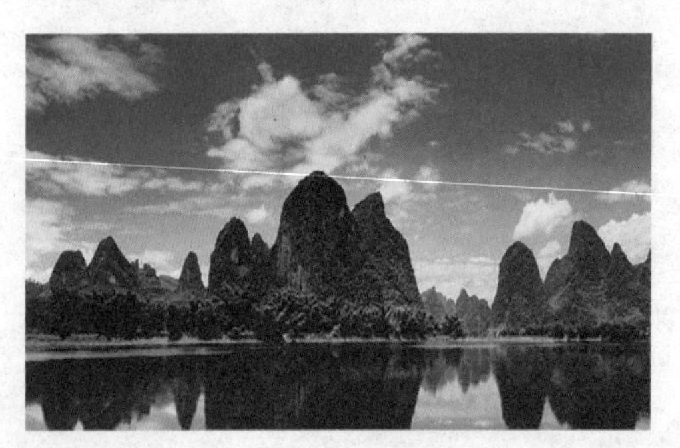
桂林之秀

图1-3 地貌的审美观感差异

后人留下了大量的人文旅游资源；另一方面，人文旅游胜地的建筑选址、建筑规模及建筑物的艺术风格等的确定，首先必须考虑的因素也是建造区的地貌特征，甚至一些人文旅游胜地的形成还必须拥有特殊的地貌资源条件。例如，中国四大世界双遗产中，泰山、黄山、峨眉山—乐山大佛、庐山，其丰富的人文旅游资源正是由古人被其独特、优美的地貌景致所感召、吸引而创造、建设出来的。我国的四大石窟，敦煌莫高窟建于鸣沙山的断层崖上，云冈石窟建于武周山麓，龙门石窟建于伊河两岸断层崖上，麦积山石窟凿于丹霞地貌之上（图1-4）。许多著名的水利工程也与建设区的地貌环境相关，如我国新疆始建于2 000 多年前的坎儿井，四川岷江中游的都江堰，长江上的葛洲坝。等等。

地貌是运动类、参与类旅游项目存在的基础。例如国内外著名的以滑雪场为主体的旅游胜地，除必备的气候条件外，地貌资源条件便是最重要的因素。

图1-4　麦积山窟建于丹霞地貌之上

1990年中国科学院地理所以资源特性为标准，将旅游资源划分为8大类和108个基本类型，基本类型中的20种是地貌旅游资源，即有18.5%左右的旅游资源基本类型直接或间接地产生于地貌资源。1991年国家旅游局主持中国旅游胜地40 佳评选，其中，20佳均是以地貌旅游资源为主体资源或以地貌为主体构景要素形成的自然风景区，另20个以人文景观为主的旅游胜地中也有7 处是依托于良好的地貌条件而成的。因此，可以说地貌在旅游资源中占据主体性、决定性、独立性和基础性地位，是旅游风景区构成中最重要的要素和类型之一。

二、地貌的科研价值

地貌不仅具有较高的美学价值，还具有重要的科研价值。研究地貌的学科称为地貌学。地貌学是介于自然地理和地质学之间的边缘学科，是研究地表的形态特征、成因分布及其发展规律的科学。

地貌学的研究已经在保护地貌、促进旅游业发展、防治自然灾害、寻找矿床、服务工程建设等领域起到了重要的促进作用。在农业方面，如合理利用土地，进行农业规划，兴建农田水利工程，防止土壤剥蚀与水土保持，进行土壤调查与土壤改良，防风固沙，找寻地下水源，围海造田扩大耕地面积，以及农业机械化等，运用地貌学都可以为之进行必要的评价，提供利用和改造自然的依据。在工程建设方面，如水利工程中有关水库及坝址、开凿运河时地貌条件的评价和选择，河道、河口、三角洲的整治和开发利用，道路、港口工程中的选线和确定建港位置，以及城市、工业与大型建筑位置的评价和选择等，也必须运用地貌学的知识。在找寻矿产资源方面，某些矿床与特定的地貌类型有关。如风化矿床中的镍、铂、铝土矿多产于剥蚀夷平的准平原上；沉积砂矿如金、铂、锡、钨、金刚石以及其他重砂矿床，常见于古、今河床和滨岸特定部位。找寻石油、天然气和煤层等动力资源，必须开展岩相研究，这方面工作要求具备与地貌学有关的现代沉积作用机理、沉积物特征和沉积环境的系统知识。

中国古代地貌学的知识散见于浩瀚的书籍、地方志中。在西方，古希腊哲学对地球的形成进行了探讨，古罗马时期由于引水灌溉的需要，对河流地貌和地震引起的地貌变化进行了分析。中世纪对地貌学的描述则是完全按照上帝的意愿来解说。本时期地貌学的知识与人类生活、战争、旅行等生产实践活动的积累密切相关，而且依存于地质学及一些综合性专著中。17世纪开始，伴随着工业革命和地理大发现的进行，地质学进入了大发展时期，近代地貌学也随之逐步诞生和发展。二战后地貌学的发展进入现代阶段。

三、地貌的科普价值

由于地貌具有较高的科研价值和旅游价值，所以地貌也拥有了独特的科普价值，地貌往往是重要景区、景点的载体。以往的景区导游讲解往往出现“俗”的特点，对具有一些造型和象形特点的地貌，往往采用神话、民间传说、象形等满足游客的好奇心。随着人们教育水平、知识素养的提高，普通的神话、民间传说已难以满足人们的内心需要，更多的孩子甚至成人会对地貌的本质和形成原因产生强烈好奇心。对地貌进行研究，并将其特征、形成原理等融入景点导游词中，可以满足游客越来越强烈的求知欲望，达到旅游与科普教育相结合的目的，对于破除迷信思维、普及科学理念具有重要的意义。

Part 2

鬼斧神工——地貌成因解读

地球上的地貌不是一成不变的，一直在悄悄上演着海洋升为陆地、高山夷为平地的沧桑变化。我国古代的先人很早就认识到了这一点，北宋时期的沈括在《梦溪笔谈》中记载了太行山的螺蚌壳化石，并据此推断该地区为古时的海滨——“遵太行而北，山崖之间，往往衔螺蚌壳及石子如鸟卵者，横亘贯通，石壁如带，此乃昔之海滨”。那么，是什么造成了地貌的沧桑变化呢？

地貌形成四要素

科技不发达的时代，人们倾向于将沧海桑田的地貌变迁归结为神、上帝等神秘力量，并以“鬼斧神工”来比喻大自然塑造地貌的神秘力量。地貌沧桑变化的过程，其实是在地球内部热能、重力及太阳能的驱动下，内力作用和外力作用使地球岩石圈表面化学成分、物理组成、形态结构和位置分布发生一系列变化、重塑和重新分配的过程。地貌的形成和发育的过程受到地质作用、物质组成、地质构造及作用时间四方面因素的影响。

一、地质作用

地貌形态虽然复杂，但都是由地质作用塑造的。地质作用是由地球内部热能或太阳能所驱动的，主要表现为地球的内营力（或内力作用）和外营力（或外力作用）（表2-1）。

1. 内营力作用

内营力作用，又称内力作用，是指由地球内部放射能等引起的作用力。内力作用造成地壳的水平运动和垂直运动，并引起岩层的褶皱、断裂、岩浆活动和地震等。除火山喷发、地震等现象外，内力作用一般不易为人们所觉察，但实际上它对地壳及其基底长期而全面地起着作用，并产生深刻的影响。内营力作用主要表现为

表2-1　内营力和外营力作用比较

地质作用	能量来源	表现形式	作用结果
内营力作用	地球内部热能	地壳运动（构造运动） 岩浆运动 地震、火山 变质作用	塑造巨型和大型地貌格局和地貌的骨架
外营力作用	太阳能 重力能	剥蚀作用 搬运作用 沉积作用	削高填低，总体趋势是夷平地表

——地学知识窗——

构造作用原理

地球从外到里分为地壳、地幔、地核三部分。地壳是地球表面的固体外壳，平均厚度约17千米。地幔是介于地表和地核之间的中间层，厚度将近2 900千米，主要由致密的造岩物质构成。地核又称铁镍核心，其物质组成以铁、镍为主。在上地幔上部岩石圈之下，深度在80~400千米之间，岩石呈现塑性可流动状态，称为软流层。软流层物质由于密度、温度和压力差异而产生对流。软流圈的对流可以将岩石圈撕裂为一个个板块，并驱动岩石圈板块产生横向、纵向的缓慢变形和移动（图2-1），这种作用就称为构造运动或构造作用。

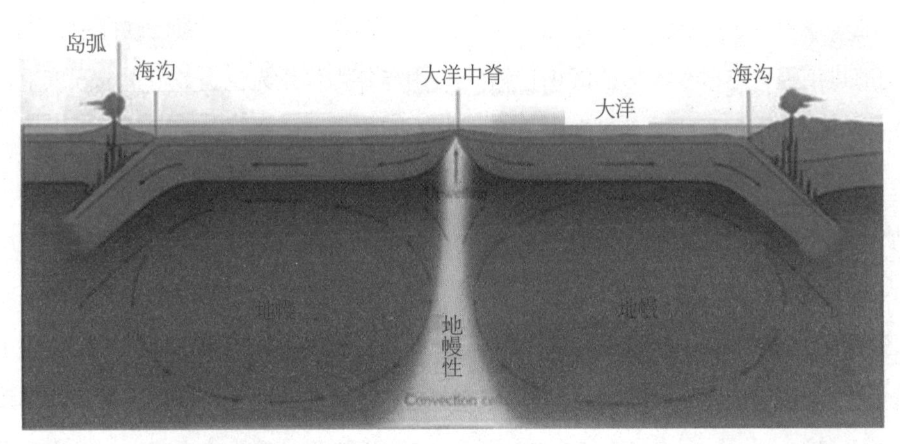

图2-1 地幔软流层对流带动板块运动示意图

构造作用（地壳运动）、岩浆作用、地震作用和变质作用，其中又以构造作用为主，地震活动和岩浆活动、变质作用都是地壳运动的表现形式或者发展结果。

地球内营力作用对地貌的发育具有基础性、决定性和控制性作用。一方面，它通过地表的升降，改变剥蚀基准面，从而改变可剥蚀深度，这是地貌学家对内力作用的最早认识。另一方面，内力作用控制了全球地貌的基本骨架，塑造了海陆的格局，它可将海洋和平地抬升为高原和高山，也可将陆地分裂为海洋，并直接促成了不同尺度的构造地貌的产生，从全球规模的海洋、陆地，到大型的山系，比如安第斯山脉、阿尔卑斯山脉、喜马拉雅山脉，再到大型的高原、盆地、平原比如，东非高原、青藏高原、塔里木盆地、亚马逊平原，再到褶皱、断层等小规模的构造地貌，都是由内力作用直接造就的，内力作用奠定了中小尺度地貌发育、演化的地形基础。

内力作用除了直接造就地貌，还可改变、控制地貌形成的岩性基础和气候条件，从而控制中小型地貌的演化和发育的特点、速度及方式。古构造运动造成了大规模的海进海退，会改变区域的沉积和剥蚀环境，同时大规模板块运动带来火山喷发和岩浆侵入，改变区域岩性，进而决定了地质地貌形成的岩性基础。构造运动带来的大范围地表起伏变化、海陆变迁，导致了区域乃至全球气候、水文条件的不断变化，从而间接地决定了地质地貌形成的外力作用基础。

2. 外营力作用

外营力作用，又称外力作用，是指地球表面在太阳能和重力驱动下，通过空气、流水和生物等活动所起的作用。它包括岩石的风化作用，块体运动，流水、冰川、风力及海洋的波浪、潮汐等的剥蚀、搬运和堆积作用，以及生物甚至人类活动的作用等。

地球外力作用如同雕刻家一样，对原始地貌不断地进行精雕细琢，可将平整的台地、高原切割成一个个山地，也可将挺拔的、粗线条的山地雕刻得更加秀美、险峻和奇特，可将低洼地区填平，也可将一个个高峻的山地夷为丘陵和平地。外力作用对地貌的总体效果是削高填低，趋向于削弱由内力作用产生的不同区域间的地势高差。

在地球表面长期演化过程中，内力作用与外力作用无论在数量上或强度上都具有同等重要的意义，两者趋于动态平衡。就现今见到的全球构造面貌而言，仍然保持着一个大致均衡的旋转椭球体，即反映内、外力两方面总的接近平衡。从地貌的长期发展史看，内力在地表变化过程中，通常起着塑造地表大型地貌骨架的作用，或将地表隆起成为高山高原，或将其下沉成为海洋盆地；外力作用主要是将地表夷平，使高地削低、低地填高，且在此过程中塑造出各种丰富多彩的外力地貌。

二、地质构造

地质构造是指组成地貌岩石的结构和产状，主要包括褶皱、断层、节理等地质结构，以及水平、倾斜等岩层产状等因素。

褶皱构造是组织成地壳的岩层，受构造力的强烈作用，使岩层形成一系列弯曲且未丧失连续性的构造，包括背斜和向斜两种基本类型（图2–2）。

断层构造是指岩石受地壳内的动力，沿着一定方向产生机械破裂和位移，失去其连续性和整体性的一种现象。它分为正断层、逆断层和横向断层（*走滑断层*）三种基本类型（图2–3）。

节理与断层一样都属于断裂构造，区别在于节理的两个断块之间未发生位置的相对移动。

地质构造是地球内力作用的结果，它一方面支撑起了地貌的骨架，另一方面影响着地质外力作用对地貌的作用效果。比如，岩层在内力作用下发生褶皱可形成“背斜山”“向斜谷”，受到外力剥蚀作用又可形成“背斜谷”“向斜山”。断层作用对地貌的发育也有较大影响，比如太行山整体属于断块山，断层构造成就了太行山绝壁林立、巍峨高耸的独特地貌形态。此外，断层构造的断裂带特别是正断层的断裂带往往较为脆弱，容易受到流水的剥蚀形成壮观的峡谷景观。岩石的节理、片理和层理也直接影响到地貌的发育。例如，柱状节理发育的玄武岩，因受节理的影响常形成崖壁和石柱等地貌。垂直节理发育的花岗岩体，因受机械风化和流水沿垂直节理的冲刷剥蚀，形成悬崖峭壁、群峰林立的地貌，如黄山、九华山。在片岩分布地区，受片理的影响，常形成鳞片状地貌，如秦岭山地。

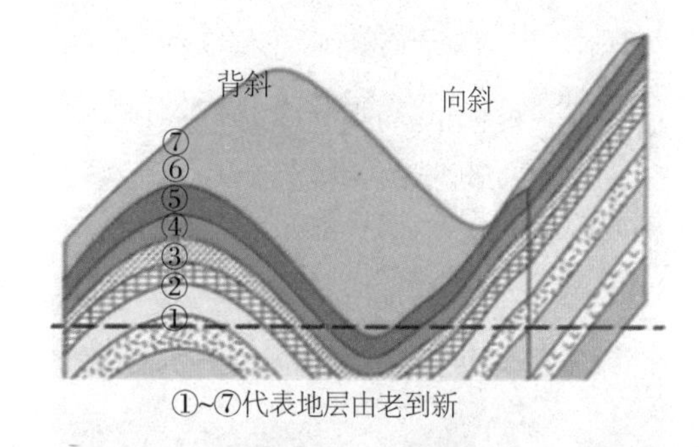

图2–2　褶皱背斜和向斜示意图

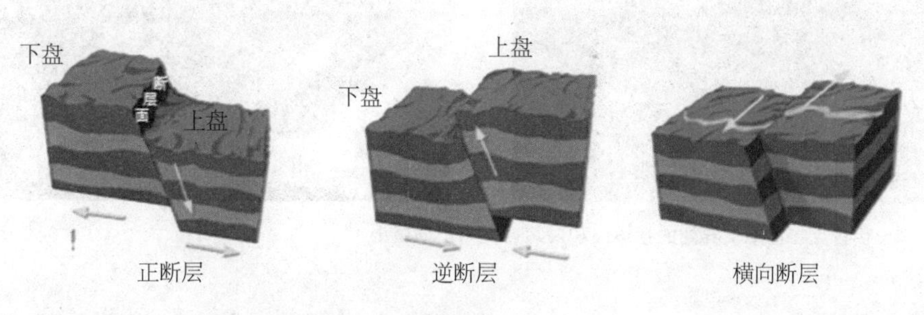

图2–3　正断层、逆断层和横向断层示意图

——地学知识窗——

背斜山、背斜谷、向斜山和向斜谷

背斜山是指山体与背斜构造相一致的山体。在褶皱构造地区，地貌发育的初期，背斜部位尚未经受明显的剥蚀破坏，形成背斜山。背斜谷是由背斜经外力剥蚀作用发育成的山体。由于背斜轴部有张性断裂易被剥蚀，如果轴部地层软，翼部和向斜部位地层硬，那么背斜轴部容易被剥蚀成河谷，而翼部和向斜部分别形成山体。向斜山是指向斜的翼部相对轴部而言较为脆弱，遭受剥蚀后，反而使处于向斜轴部的部位突出成山体（图2-4）。向斜谷是指构造作用在向斜轴部形成的谷地。

三、物质组成

地貌由天然岩石或松散堆积物组成，在其他条件相同的情况下，组成地貌的岩石或松散堆积物，在成分、结构、构造等特性上的差异必然表现为地貌形态上的不同。岩性对地貌发育的影响，主要体现在岩石的抗蚀性，即抵抗风化作用和其他外力剥蚀作用的强度。抗蚀性是岩石性质的综合反映，主要决定于岩石的矿物成分、硬度、胶结程度、透水性、可溶性、结构和产状等。比如石灰岩抗风化能力较强，但抗水蚀能力较弱，容易受到水的溶解。通常胶结良好的坚硬岩石抗蚀性强，常构成山岭和崖壁。如由石英岩、石英砂岩组成的山岭，风化、崩塌作用和流水剥蚀主

图2-4　伊拉克、伊朗交界处的褶皱山和四川四姑娘山向斜山

要沿着节理进行，常形成山峰尖突、多悬崖陡壁的山丘地貌。抗蚀性差的岩石，如页岩、泥灰岩等硬度不大，常形成和缓起伏的低丘、岗地。

此外，岩石的结构也影响地貌发育。比如当较硬的砾岩、砂岩或灰岩与较软的岩层互层时，较软的岩层受到风化、剥蚀，使得较硬的岩层出现悬空，继而在重力的作用下容易产生崩塌形成峭壁，易于形成“坡陡、麓缓”的地貌形态，这在丹霞地貌等碎屑岩地貌中较为常见。

松散堆积物对地貌发育的影响取决于它的机械成分、化学性质及层理结构等特点。如陕北黄土以粉沙为主，并含有一定数量的黏粒和钙质，垂直节理发育，干燥时陡壁可直立不坠，但在雨季易受坡面流水和沟谷流水的剥蚀切割。黄土还受地下水的潜蚀作用，形成一些潜蚀地貌。

四、地质作用时间

地质作用时间也是引起地貌差异的重要原因之一。若其他条件相同，作用时间长短不同则所形成的地貌形态也有区别，显示出地貌发育的阶段性。例如，急剧上升运动减弱初期出现的高原，外力作用虽然强烈，但保存了大片高原地面。随着时间的推移，高原区在外力侵蚀下破坏殆尽，成为崎岖的山区，进一步发展又可转化为起伏和缓的丘陵。

上述四种因素直接决定着地貌的形态，同样单一因素基础上发展而来的地貌

——地学知识窗——

三大类岩石

岩石可以由一种矿物所组成（如石灰岩仅由方解石一种矿物所组成），也可由多种矿物所组成（如花岗岩则由石英、长石、云母等多种矿物集合而成）。岩石按成因分为岩浆岩、沉积岩和变质岩三大岩类。地壳深处和上地幔的上部主要由岩浆岩和变质岩组成。从地表向下16千米范围内岩浆岩大约占95%，沉积岩只有不足5%，变质岩最少，不足1%。地壳表面以沉积岩为主，约占大陆面积的75%，洋底几乎全部为沉积物所覆盖。岩浆岩、沉积岩、变质岩三者可以互相转化：岩浆岩经剥蚀、沉积作用可成为沉积岩，经变质作用成为变质岩；变质岩也可再次成为新的沉积岩；沉积岩经变质作用成为变质岩，沉积岩、变质岩可被熔化，再次成为岩浆岩。

形态具有一定的相似性，可形成某一种地貌类型。比如物质组成都是石灰岩的地区，大部分都会形成岩溶地貌，在冰川作用下都会形成冰川地貌，褶皱规模较大的地区都会形成较大的山脉等等。地球上各个地区的内外力作用、地质构造、物质组成和地质作用时间都有较大差异，这四种因素综合作用产生的地貌景观形态也就会千差万别、丰富多彩。

地貌形成五部曲

内力作用造就了全球的山海格局，外力作用在此基础上对地貌进行精雕细琢，使内力作用塑造的粗犷的轮廓变得更加丰富细腻、雄伟奇特、秀丽多姿。无论地貌形成的过程多么复杂，都少不了构造变形、风化作用、剥蚀作用、搬运作用、沉积作用5个过程和环节（图2-5）。

一、构造变形

构造变形是指地壳由于地球内力作用所引起的缓慢的变位或变形机械运动。造成地壳变形的主要作用力是构造作用（地壳运动）。构造运动在方向上表现为水平运动和垂直运动（图2-6），两种运动使得地表的岩石发生褶皱和断层，并由此带

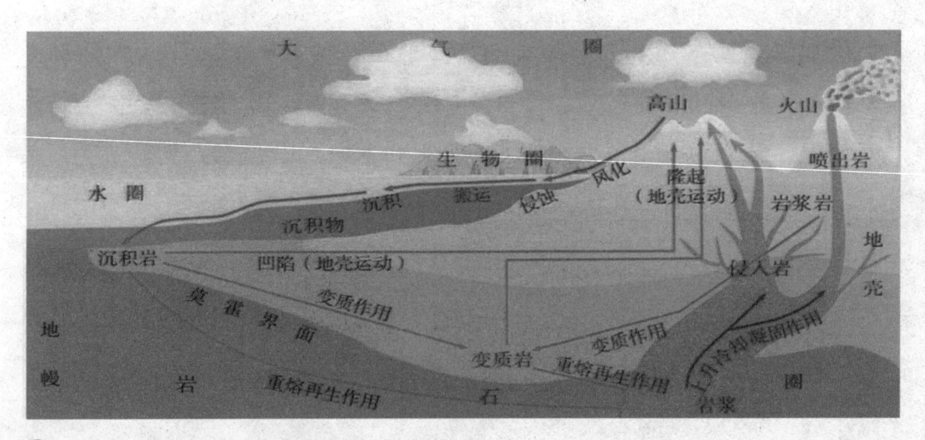

图2-5 地貌形成过程示意图

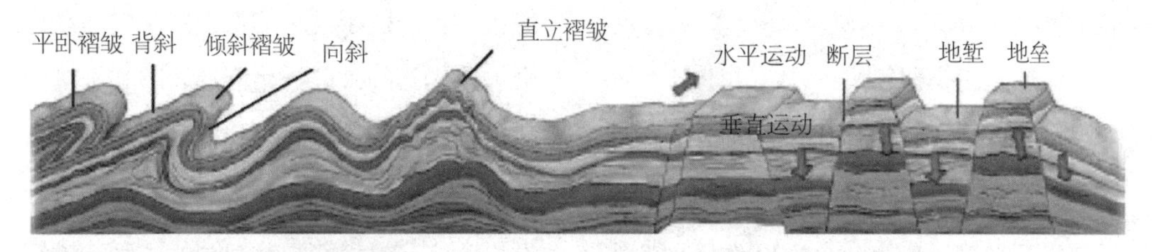

图2-6　水平运动与垂直运动示意图

动地表的升降和水平位移。水平运动是在水平挤压力或拉张力的作用下，地壳岩层发生应变变形的运动，常表现为地壳或岩石圈块体的相互分离拉开、相向靠拢挤压或呈剪切平移错动，可造成岩层的褶皱与断裂，在岩石圈的一些软弱地带则可形成巨大的褶皱山系，如昆仑山、祁连山、秦岭、喜马拉雅山、阿尔卑斯山、科迪勒拉山系等。在断裂张开的地方有的形成裂谷或海洋。由于水平运动与山系的形成密切关联，因此水平运动又被称为造山运动。地壳岩层在垂直方向上进行的上升或下降的运动，常表现为规模很大的隆起或拗陷，造成地势高差的改变和海陆变迁，在大尺度上形成高原、盆地、内海等大地貌，因此，这类运动被称为造陆运动。水平运动和垂直运动是构成地壳整个空间变形的两个分量，彼此不能截然分开，但也不能等同起来看待。它们在具体的空间和时间中的表现常有主次之分，在一定的条件下还可彼此转化。

在时间上，构造运动具有普遍性和永恒性。地壳自形成以来，在地球的旋转能、重力和地球内部的热能、化学能的作用下，以及地球外部的太阳辐射能、日月引力能等作用下，任何区域和任何时间都在发生运动。构造运动在整个地质历史时期中在不断进行，不但过去有、现在有，将来也不会停止。一般来讲，新近纪（距今2 400万年至距今250万年）以前发生的构造作用称古构造运动，新近纪以来的构造作用常在形态上保存较好而称为新构造运动，其中有人类历史记载以来的构造作用称现代构造运动。

二、风化作用

风化作用是指在温度的变化以及大气、生物水分等的影响下，地表岩石及矿物的物理状态、化学成分在原地发生变化的过程。

1. 风化的类型

按照种类不同，风化作用可分为物理风化、化学风化、生物风化等类型。

岩石受到温度变化、冻融作用和其他机械作用力的影响，其内外压力发生变化、失衡，进而产生崩解、破碎，改变块体大小，而基本上不改变其化学成分的现象称为物理风化，又称机械风化。

岩石在水、水溶液和空气中的氧与二氧化碳等的作用下，发生溶解、水化、水解、碳酸化和氧化等一系列复杂的化学变化，这种引起岩石成分和性质的变化叫化学风化。它使岩石中可溶的矿物逐步被溶蚀、流失或渗透到风化壳下层，重新沉积。残留原地的或新形成的多为难溶的稳定矿物。化学风化使原岩的缝隙加大、孔隙加密，破坏了原岩的结构和成分，甚至使坚硬的岩层变成松散的土层。

岩石在生物活动的影响下所产生的机械破坏和化学变化称为生物风化。如生长在岩石裂隙中的植物，其根系逐渐加粗、增长，使岩石裂隙受到像楔子一样的劈裂作用，不断地扩大加深。植物根系在岩石缝中一般深几十厘米到1米，有的可达十几米，对周围岩石可产生10~15千克/厘米^{2}的压力。一些小动物的挖掘和穿凿活动也会加速岩石的破碎。生活在岩隙和土壤中的动物、植物，在新陈代谢过程中会不断分泌出各种化合物，如碳酸、硝酸和各种有机酸等，对岩石起着强烈的溶蚀和破坏作用。特别是一些微生物的活动，作用非常明显，它们有的可以吸收空气中的氮制造硝酸，有的能吸收二氧化碳制造碳酸，有的能吸收硫制造硫酸。这些酸类对岩石具有很强的腐蚀作用。

2. 风化作用的影响因素

岩石风化作用与水分和温度密切相关。温度越高，湿度越大，风化作用越强；在干燥的环境中，主要以物理风化为主，且随着温度的升高物理风化作用逐渐加强；在湿润的环境中，主要以化学风化作用为主，且随着温度的升高化学风化作用逐渐加强。物理风化主要受温度变化影响，化学风化受温度和水分变化影响都较大。从地表风化壳厚度来看，温度高、水分多的地区风化壳厚度最大。土壤是在风化壳的基础上演变而来的。事实上，物理风化、化学风化和生物风化三者是紧密相连的。物理风化使岩石的孔隙度增大，使岩石具有较好的渗透性，有利于水分、空气、微生物和植物根系的深入。岩石崩解为较小的颗粒，其表面积增大，更有利于化学风化作用的进行。

三、剥蚀作用

剥蚀作用是指流水、风、冰川运动等外力对地壳表层岩石和土壤的破坏作用，并使风化破碎的岩石离开原地，从而形成剥蚀地貌。风化作用产生碎屑，为外力提供了剥蚀地面的条件；继剥蚀作用之后，相继出现搬运作用和堆积作用，使地貌改观。广义的剥蚀作用还包括坡地上岩屑、土粒受重力影响顺坡下移的块体运动。

四、搬运作用

搬运作用是指地表和近地表的风化产物和外力剥蚀产物被风、流水、冰川等外力搬往他处的过程，是自然界塑造地貌的重要作用之一。在搬运过程中，风化物的分选现象以风力搬运为最强，冰川搬运为最弱。搬运方式主要有推移（滑动和滚动）、跃移、悬移和溶移等。不同营力有不同的搬运方式。

五、沉积作用

沉积作用是指被运动介质搬运的物质到达适宜的场所后，由于动力条件发生改变而发生沉淀、堆积的过程。经过沉积作用形成的松散物质叫沉积物。陆地和海洋是地球表面最大的沉积单元，前者包括河流、湖泊、冰川等沉积环境，后者可分为滨海、浅海、半深海和深海等环境。尽管沉积场所十分复杂，但沉积方式基本可以分为三种类型，即机械沉积、化学沉积和生物沉积。机械沉积作用是指被搬运的碎屑物质，因为介质物理条件的改变而发生堆积的过程。这种介质物理条件的改变包括流速、风速的降低和冰川的消融等。水介质中以胶体溶液和真溶液形式搬运的物质，当物理、化学条件发生变化时，产生沉淀的过程称化学沉积作用。与生物生命活动及生物遗体紧密相关的沉积作用称为生物沉积作用。生物的沉积作用可表现为生物遗体直接堆积，还表现为间接的方式，即在生物的生命活动过程或生物遗体的分解过程中，引起介质的物理、化学环境发生变化，从而使某些物质沉淀或沉积。

地貌的轮回

在地球内外力的交互作用下，山地可以逐渐被外力作用剥蚀为平原，而平原由内力作用抬升又会被外力作用剥蚀、切割为山体，形成平原与山地的地貌轮回，科学家将这种典型地貌轮回的演化模式称为“戴维斯地貌循环”（图2-7）。

美国科学家戴维斯通过对美国阿巴拉契亚山脉地貌的研究之后，于1884~1899年间提出了极具影响力的地貌循环理论。地貌循环理论是把地貌的演化过程看作一系列的简单重复和循环，分为幼年期、壮年期、老年期。戴维斯认为地貌是构造、过程（指各种外力作用过程）与阶段（或时间）的函数，并首先假设有一个因构造运动从海底抬升的陆地，由于抬升迅速，地面立即受到剥蚀，原来的低平地形变为高山、深谷、陡坡；然后，构造运动处于长时间的稳定期，高地被蚀低，河谷渐变

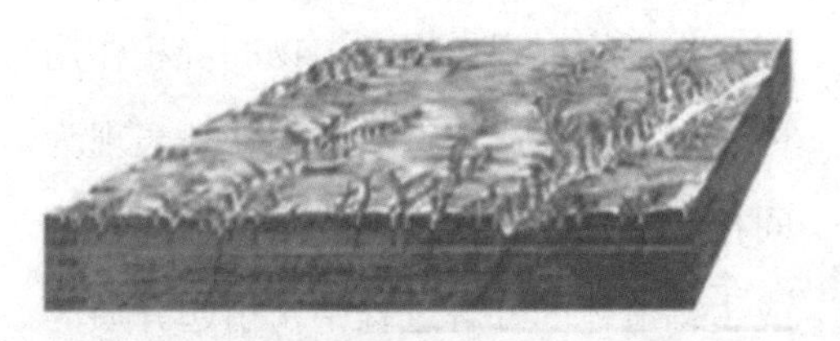

幼年期

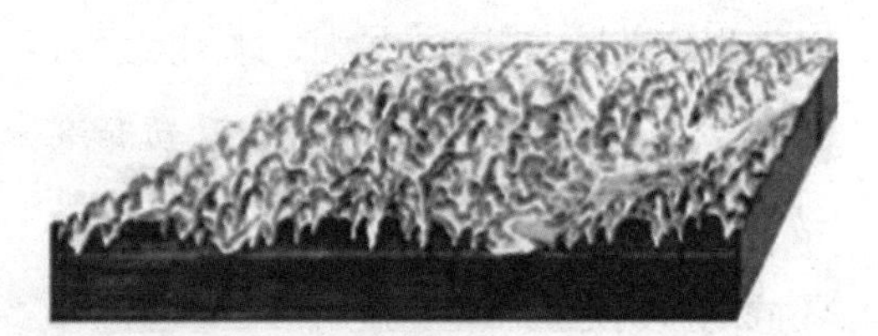

壮年期

老年期

图2-7 戴维斯地貌循环示意图

宽浅，缓坡又复盛行；最终整个地面变成仅有微小起伏的平原地形（戴维斯称之为准平原）。这就是一个地貌循环，或称剥蚀循环、地理循环。以后该区再一次经历构造抬升，继以稳定，其地貌演变又重复上述过程，即再经历一个轮回。

一、幼年期

当原始地面开始破坏，幼年期的活动便开始孕育。这一阶段的地形特征：河谷的横切面呈V字形，沿河两岸没有泛滥平原的发育，两条河流之间的分水岭也宽广平坦，而且河流常常发生袭夺现象。在河道的硬岩区，有瀑布或急流发生。这种现象在早幼年期尤为常见，至壮年期前即将消灭。幼年期这个阶段是使原来平坦的地面增加起伏或扩大起伏的时期，在幼年期快要结束时，地形特征为山高谷深，地面极为崎岖。

二、壮年期

壮年期阶段，地形上仍是山高谷深的景象，河流开始进行加宽作用，河流间的分水岭宽度由于河阶地的增加减至最小形成尖锐的山脊。河流两侧也开始有相当范围的冲积平原出现，河流的曲流自由在泛滥平原蜿蜒流动。河床的宽度仅较曲流带的宽度略宽，此时，河流也完全适应岩层的性质与构造，河流的分布常在岩层抵抗力较弱的地区内。本期地形为整个循环中可能达到最具起伏性者，山边和谷边的坡度常为地势起伏的准则，而非由河谷底至高地上方的距离表示。另外，幼年期原有的湖沼或瀑布等，至本期已消灭。

三、老年期

经过幼年期与壮年期的剥蚀之后，隆起的原始面已经被剥蚀到接近海平面了，河水流到海里便不再具有重力势能来剥蚀地面（因定海平面为剥蚀基准面）。在此阶段的河谷极为宽广，纵横两方面的坡度均极其平缓。整个地面覆盖着厚层的岩屑，这些岩屑已经风化成为颗粒极细的黏土或沙土。泛滥平原大为发展，河流在宽广而曲折的河道中缓缓流动。河谷宽度数倍于曲流带。河间分水岭不如壮年期那样尖锐。湖泊、沼泽和湿地出现在泛滥平原上，并非如幼年期存在于河间地区。由于岩层性质的差异，河道发生改变的作用，至本期已不明显。到了老年期的最后阶段时，地面已略似平原，此时地面已十分接近剥蚀基准面。

地貌的成因类型

世界上不同地区的地质作用对地貌的影响有着显著差异：有些地区构造作用比较强烈，形成了壮观的构造地貌；有些地区雨水充沛，流水作用占据优势地位；在干旱地区，肆虐的狂风不断地改造着地表的形态；在海岸地区，海浪作用是决定地貌发育的主要因素；而在高寒地区，冰川作用则是推动地貌演化的主角。正是这些地质作用因素的差异，形成了不同的地貌形态特征，造就了绚丽多彩的地貌类型。

一、构造地貌

构造地貌主要由地球内力作用形成，分为3个等级：第一级是大陆和洋盆，第二级是山地和平原、高原和盆地，第三级是方山、单面山、背斜脊、断裂谷等小地貌单元。第一级和第二级属大地构造地貌，其基本轮廓直接由地球内力作用造就；第三级是地质构造地貌，或称狭义的构造地貌。由现代构造运动直接形成的地貌，包括水平构造地貌、倾斜构造地貌、褶皱构造地貌、断层构造地貌、火山地貌等。

水平构造地貌一般分布于沉积岩、火山岩地区，沉积岩一般具有明显的水平层理特征，在断裂作用、差异剥蚀、重力作用等内外力作用下，能够形成壮观的地貌景观。水平构造地貌中最典型的是方山，方山具有近乎水平的岩层，受外力剥蚀后呈现顶平、坡陡的形态特征。方山在丹霞地貌、岱崮地貌、雅丹地貌、玄武岩地貌中较为常见，也是一种典型的造景地貌。

倾斜构造地貌是指岩层倾斜的地貌，一般是在地表岩层受到内力作用发生倾斜，后被外力作用剥蚀而展现出倾斜的形态。它可能出现在被破坏的背斜翼部，或出现在已被破坏的穹窿构造的四周、盆地的外围、掀斜的水平岩层或断层的掀斜等处。单斜地貌主要有单面（斜）山和猪背山（图2-8）。组成单面山山体的岩层倾角一般在25°以下，山体沿岩层走向延伸，一坡与岩层倾向相反，坡陡而短，另

图2-8 甘肃张掖单斜山和猪背山地貌

一坡与岩层倾向一致，坡缓而长，称为后坡或单斜脊，它构成山地主体。由不对称的两坡组成的单面山只有从单斜崖一侧看上去才像山形，故名单面山。单斜层的倾角较大，形成两坡近于对称的山体，称为猪背山（脊），它多出现在已被破坏的背斜陡翼上。

褶皱构造地貌是指岩层受到内力作用发生塑形变形而形成的褶皱形态的地貌。有些地貌形态保留了岩层褶皱原有的形态，比如背斜山、向斜谷；有些地貌形态受外力作用后地貌形态与褶皱形态相反，比如向斜山、背斜谷；有些褶皱地貌呈现穹窿形态，被外力作用剥蚀后可以观察到一层层圆形的岩层。

由断层构造形成的地貌称为断裂构造地貌。典型的断裂构造地貌包括断块山、断裂谷、断陷盆地等地貌。断块山是当某地区在抬升过程中地壳发生脆性断裂作用，中间的地层抬升、周边的地层沿断层沉降，从而导致中间的地层突出成为山地。断块山可以是一侧发生抬升、断裂，称为掀斜式断块山，其发生断裂的一侧沿断层面抬升成山，断层面处高耸、陡峻，未发生断裂的一侧较舒缓，五台山就是此类型的断块山。也可以是周边都发生断裂，与相邻的谷地或盆地间有明显的高差，称为地垒式断块山。断裂谷是指沿断层带发育而成的谷地地貌。断层带一般较为破碎，容易受风化和流水等外力作用剥蚀，山区通常沿断层方向发育成谷地，称为断裂谷。断陷盆地是指在构造作用下某地区两侧地层相对抬升，中间地层相对沉降而形成的盆地地貌。它的外形受断层线控制，多呈狭长条状。盆地的边缘由断层崖组成，坡度陡峻，边线一般为断层线。随着时间的推移，在断陷盆地中充填着从山地剥蚀下来的沉积物，其上或者积水形成湖泊（如贝加尔湖、滇池），或者因河流的堆积作用而被冲积物所填充，形成被群山环绕的冲积、湖积、洪积平原，如太行山中的山间盆地和地堑谷中发育着的冲积洪积平原。

由地壳内部岩浆喷出堆积成的地貌形态，称火山地貌（图2-9）。火山通常由火山锥、火山口和火山喉管三部分组成。火山锥指火山喷出物在火山口附近所堆积成的锥状山体。火山口是火山锥顶部喷发地下高温气体和固体物质的出口，水平面上近圆形，大部分火山口是一个漏斗形体，也有底部是平的。有些火山口底部呈坑状，为固结的熔岩，称为熔岩坑。坑口常能积水成湖，成为火山口湖。一些大型火山口常具缺口，称为破火山口。火山喉管是火山作用时岩浆喷出地表的通道，又称火山通道。火山通道呈圆筒状，有的呈长条状或不规则状，前者多由中心喷发形成，后者常与裂隙喷发有关。火山喉管中的火山碎屑物和残留岩浆冷却后，凝结在火山管道内成为近于直立的圆柱状岩体。如上层的熔岩被剥蚀，火山颈会成为突出地面的柱状山，称为颈丘。

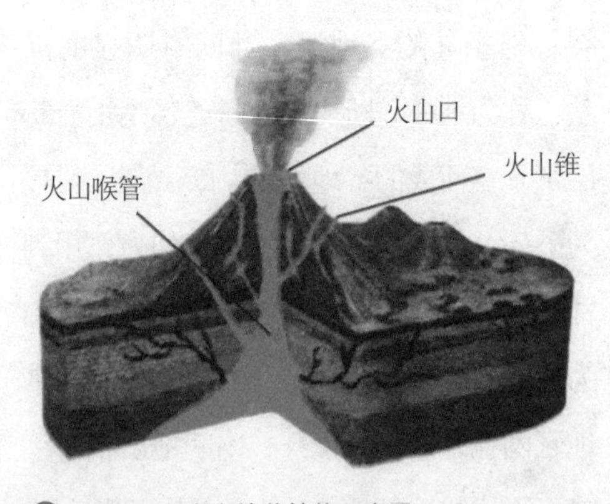

图2-9　火山地貌结构示意图

根据火山喷发的特点和形态特征，火山地貌又包括盾形火山、穹形火山、锥形火山、马尔式火山等类型。

二、流水地貌

流水对地表岩石和土壤进行剥蚀，对地表松散物质及其剥蚀的物质、水溶解的物质进行搬运，最后由于流水动能的减弱又使其搬运物质沉积下来，这些作用统称为流水作用。以流水作用为主形成的地貌称为流水地貌（图2-10）。流水地貌可以划分为坡面流水地貌、沟谷流水地貌和河流地貌。典型的流水地貌包括河漫滩、V形与U形河流剖面、河流阶地、河曲、牛轭湖、三角洲等。

规模较大的沟谷，在沟头有汇水盆地。间歇性的洪流把冲刷下来的物质带到沟口堆积，往往形成半圆锥状堆积体，

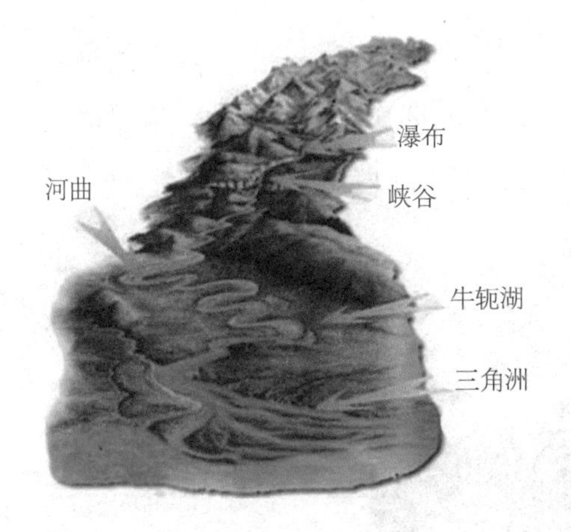

图2-10 河流地貌示意图

称为洪积扇。U形河谷与V形河谷是指河谷的横断面有的像“U”字形，有的像“V”字形（图2-11）。U形河谷一般处于河流的下游平原区，其底部与上部基本同宽，河谷一般由松散堆积物组成，河流对河谷的作用力以侧蚀作用为主。V形河谷一般处于河流的上游山区，河谷由坚硬的岩石组成，河流对河谷的作用以下切剥

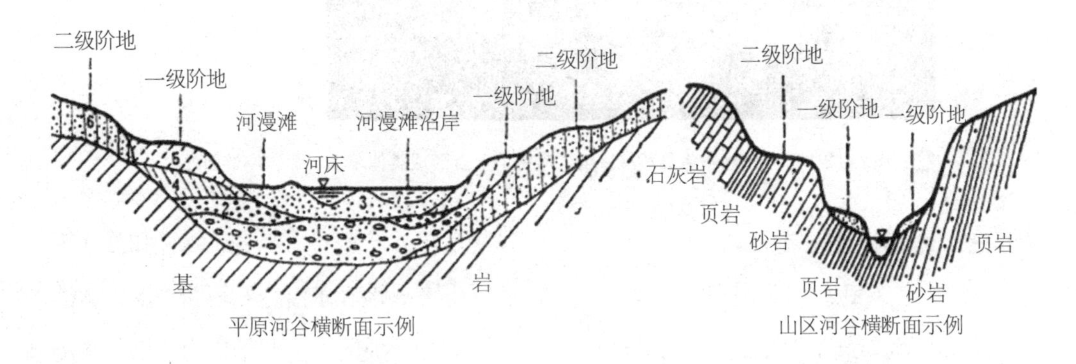

图2-11 平原河谷与山区河谷横断面示意图

蚀作用为主。当河流洪水泛滥时，除河床外，谷底部分也被淹没，被掩的河底滩地称为河漫滩。极宽广的河漫滩也称为泛滥平原或冲积平原（图2-12）。由于地壳上升、气候变化或者基准面的变化，河流下切，原来的河漫滩高出一般洪水期水面，呈阶梯状分布于河谷两侧，称为河流阶地。河流水流对凹岸不断侵蚀，凸岸不断沉积，使河流的整体形态不断地发生变

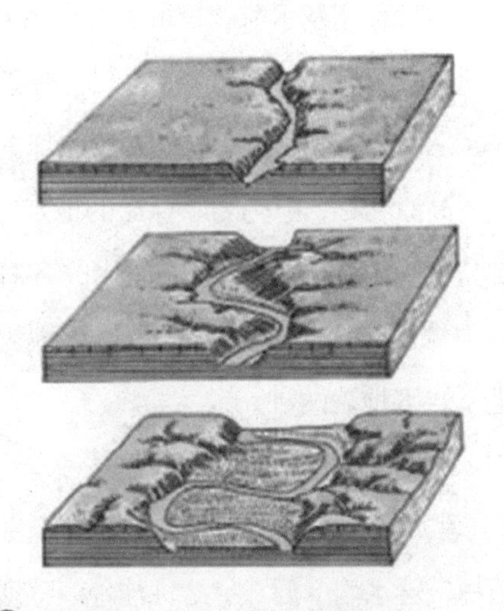

图2-12 河曲及河漫滩发育示意图

化，形成一种平面展布的弯曲河道形态称为河曲地貌（图2-13）。三角洲是由河流补给的泥沙沉积体系，分布于河流注入海洋或湖泊的地区。三角洲同洪积扇一样，也是人类重要的聚居地，不过三角洲的规模一般比洪积扇大。

图2-13　巴马瑶族自治县那社乡境内命河的下游形成类似草书“命”字的河曲

三、岩溶地貌

岩溶地貌（图2-14）是指可溶性岩石（*石灰岩、白云岩等*）受到水流中CO_2的化学溶蚀作用及水流的机械剥蚀作用而成的地貌类型，又称喀斯特地貌。喀斯特（Karst）一词原是南斯拉夫西北部的石灰岩高原名称，意为岩石裸露的地方，在那里发育着由石灰岩溶蚀而成的各种奇特地貌。岩溶地貌分为地表岩溶地貌和地下岩溶地貌两种。

1. 地表岩溶地貌

常见的地表岩溶地貌有溶沟、石芽、石林、落水洞、漏斗、溶蚀洼地、喀斯特盆地、干谷、盲谷、峰丛、峰林和孤峰等不同形态。地表水沿岩石表面流动，由溶蚀、剥蚀形成的许多凹槽称为溶沟。溶沟之间的突出部分叫石芽。石林是一种高大的石芽，高20~30米，密布如林，它是由纯度高、厚度大、层面水平的石灰岩组成的，并在热带多雨条件下形成。峰丛和峰林是石灰岩遭受强烈溶蚀而形成的山峰集合体。峰丛是底部基坐相连的石峰，峰林由峰丛进一步向深处溶蚀、演化而形成。孤峰是岩溶区孤立的石灰岩山峰，多分布在岩溶盆地中。溶斗是岩溶区地表圆形或椭圆形的洼地，溶蚀洼地是由四周为低

图2-14 岩溶地貌

山、丘陵和峰林所包围的封闭洼地。若溶斗和溶蚀洼地底部的通道被堵塞，可积水成塘，大的可以形成岩溶湖。落水洞是岩溶区地表水流向地下或地下溶洞的通道，由岩溶垂直流水对岩石裂隙不断溶蚀并随坍塌而形成。在河道中的落水洞，常使河水全部汇入地下，使河水断流形成干谷或盲谷。

2. 地下岩溶地貌

地下岩溶地貌主要指溶洞地貌。溶洞是地下水沿可溶性岩石的裂隙溶蚀扩张而形成的地下洞穴，是水的溶蚀作用、流水剥蚀及重力作用的长期结果。其规模大小不一，大的可以容纳千人以上；其形态千奇百怪，溶洞中有许多奇特景观，如石笋、石柱、石钟乳、石幔等。

四、冰川地貌

冰川在其生成、发育的过程中，可对其基础地貌组成物质产生强烈的剥蚀作用，大部分为机械剥蚀作用。剥蚀作用包括拔蚀作用、磨蚀作用、冰楔作用等。冰川的剥蚀作用所产生的大量松散岩屑和从山坡崩落的碎屑，会进入冰川系统，随冰川一起运动，称为冰川的搬运作用，这些被搬运的岩屑称为冰碛物。冰川搬运的碎屑物质由于过多、过重，或因冰川受阻，或因气温升高融化，从冰川体中分离堆积下来，称为冰川的堆积作用。由冰川的剥蚀、搬运和堆积作用塑造的地貌类型称为冰川地貌，包括冰蚀地貌、冰川堆积地貌、冰川接触堆积地貌等。

由冰川的剥蚀作用塑造的地貌称为冰

蚀地貌（图2-15）。常见的冰蚀地貌有冰斗、刃脊和角峰、冰蚀谷、串珠湖、悬谷、冰川磨光面和冰川擦痕、羊背石等。冰斗由冰斗壁、盆底和冰斗出口处的冰坎所组成，外形呈三面由陡壁所围、开口朝向坡下的围椅状。由于冰斗后壁受到不断的挖蚀作用，斗壁发生溯源剥蚀，不断后退。两个冰斗或冰川谷地间的岭脊变窄，最后形成薄而陡峻的刀刃状山脊，称为刃脊，也叫鳍脊；不同方向的数个冰斗后壁后退，发展成为棱角状的陡峻山峰，叫角峰。羊背石是由冰蚀作用形成的石质小丘，特别在大陆冰川作用区，石质小丘往往与石质洼地、湖盆相伴分布，成群地匍匐于地表，犹如羊群伏在地面上一样，故称羊背石。

由山谷冰川剥蚀作用所形成平直、宽阔的谷地，叫冰蚀谷，因其横截面呈U形，故称U形谷或幽谷（图2-16），是山谷冰川最主要的地貌特征。在羊背石或U形谷谷壁及大漂砾上，常因冰川的作用而形成磨光面：当冰川搬运物是沙和粉沙时，在较致密的岩石上磨光面更为发达；若冰川搬运物为砾石，则在谷壁上刻蚀出条痕或刻槽，称为冰川擦痕（槽），擦痕的一端粗、一端细，粗的一端指向上游。

由冰川堆积作用形成的地貌，主要由冰碛物组成，包括冰碛丘陵、侧碛堤、终碛垄和鼓丘等。

冰川接触沉积又名冰界沉积，是冰川区内或紧靠冰川的冰水沉积物。这种冰水沉积与冰碛物相互混杂、交叉和重叠，还

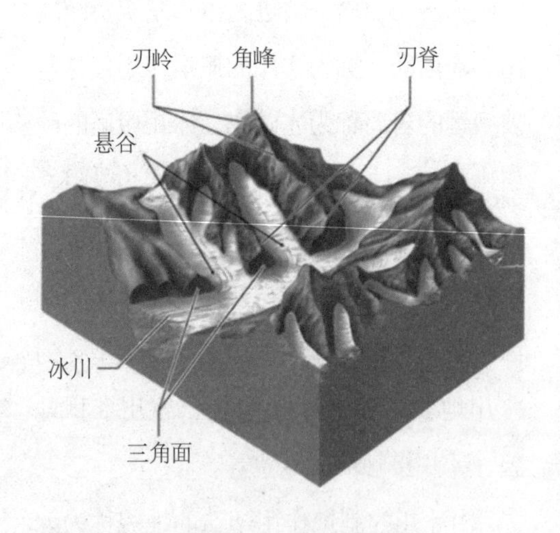

图2-15 冰蚀地貌示意图

图2-16 U形谷（长白山）

经常受到冰流的搅动，原生堆积形态和沉积构造常被破坏，特别是沉积物四周冰的融化导致沉积物本身的崩塌或塌陷，更加剧了这种破坏程度。冰川接触沉积的最大特征是沉积期后变形。

五、风成地貌

干旱区具有干燥多风、地表植被稀疏甚至完全裸露等自然特征，因而那里的风力作用很强，成为地貌发育的主要外营力，形成了与流水、冰川及重力等其他外营力塑造的地形完全不同的风成景观。风力作用包括风蚀作用、风搬运作用、风沉积作用。风蚀作用是指地表物质在风力作用下脱离原地的过程，包括吹蚀作用和磨蚀作用。吹蚀作用是地表松散泥沙或基岩风化碎屑物被风吹扬而离开原地的过程。吹蚀作用的产生取决于近地表的风力状况（流态、流速）和地表泥沙的物理力学性质。磨蚀作用是风通过携带的沙粒对地表岩石或不同胶结程度的泥沙块体进行冲击、摩擦，或者在岩石裂隙和凹坑内进行旋磨的过程。搬运作用是指风所挟带各种不同粒径的泥沙颗粒被输移的过程。风作用于沙粒时，是由于沙粒上部风速快、压力小，下部风速慢、压力大，因而对沙粒的上下产生压力差，压力差超过沙粒自身重力时，沙粒跃起，在迎风面产生搬运。风积作用是指由于风力减弱或地面障碍，挟沙气流中的泥沙发生沉落和堆积的过程。悬移质泥沙从原地以悬浮状态被风输移较大的距离，当风速减弱到其脉动向上分速小于颗粒的沉速时，便会在广大地面上较均匀地沉积下来。

由风力作用形成的地貌称为风成地貌，也包括风蚀地貌（图2-17）、风积地貌两种类型。

风蚀地貌包括风蚀壁龛（石窝）、风蚀蘑菇、雅丹等。石窝是在陡峭的岩壁上，经风蚀形成大小不等、形状各异的小洞穴和凹坑。在风沙强劲的地方，如果出露地表的岩石水平节理、层理很发育，易被风蚀成奇特的外形。一块孤立突起的岩石，如果下部岩性较软，经长期差别剥蚀，可能会形成顶部大于下部的蘑菇外形，称为风蚀蘑菇。垂直节理裂隙发育的岩石，经长期剥蚀，可能形成各种形态的柱状地形，称为风蚀柱。在干旱地区的湖积平原上，黏性土干缩裂缝，风沿裂隙不断吹蚀，形成不规则的顺风向垄岗和宽浅不一的槽沟，称为风蚀垄槽。这种地貌以罗布泊附近雅丹地区最为典型，因此又称雅丹地貌。如果隆出地面的基岩近似水平

风蚀蘑菇

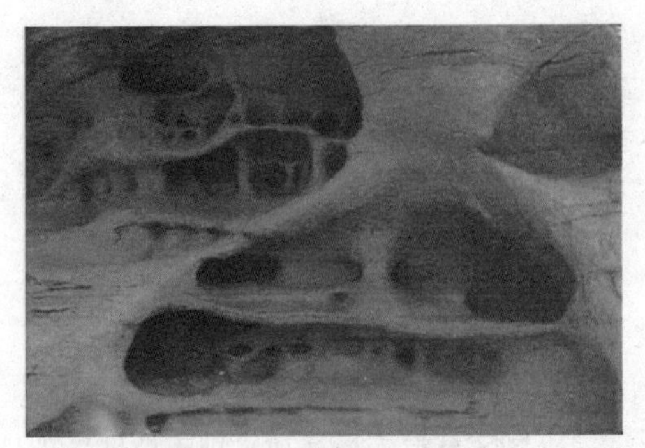
石窝

风蚀柱

风蚀垄槽和风蚀城堡

图2-17　风蚀地貌

层理，且岩性软硬不均，垂直节理发育但分布不均，经长期强劲的风蚀作用，被分割残留下大小不等、高低错落的平顶小丘，远观犹如一座破旧的古城，称为风蚀城堡。

风积地貌是指被风搬运的沙物质，在一定条件下堆积所形成的各种沙丘地貌。由风沙堆积作用形成的地貌类型有沙堆和沙丘两种。风沙流遇到障碍物时，因风速减低，在背风面发生沙粒堆积，称为沙堆。最初的沙堆是与风向平行呈蝌蚪状，称为蝌蚪形沙堆。沙堆形成后，自身成为风沙流的更大障碍，使沙粒堆积更多，沙堆不断扩大，形成盾状沙堆。沙堆大小不等，形态不同，一般高度不超过10米，长度由数十米至数百米不等。如果沙源丰富，风速增大，可使盾状沙堆进一步发展扩大，形成规模更大、形态更复杂的沙丘。因风向、风速的变化和原始地形的不同，会形成不同类型的沙丘。沙丘包括新月形沙丘、抛物线沙丘、金字塔形沙丘、格状沙丘、蜂窝状沙丘等类型（图2-18）。

六、海蚀海积地貌

海蚀海积地貌是以海水动力为主要因素，构造运动、生物作用和气候等次要因素共同作用所形成的各种地貌形态。海蚀海积地貌具有神奇的魅力。根据海浪对海蚀海积地貌的作用性质，分为由海蚀作用形成的海蚀地貌和由海积作用形成的海积地貌。

第四纪时期冰期和间冰期的更迭，引起海平面大幅度地升降和海进、海退，导致海岸处于不断的变化之中。直至距今6 000~7 000年前，海平面上升到相当于现代海平面的高度，构成了现代海岸的基本轮廓，形成了当今人们所见的各种海蚀海积地貌。构造运动奠定了海蚀海积地貌的基础，在此基础上波浪作用、潮汐作用、生物作用及气候因素等塑造出众多复杂的海岸形态。其中，海浪作用为塑造海蚀海积地貌最积极、最活跃的动力因素。

金字塔形沙丘

新月形沙丘

格状沙丘

蜂窝状沙丘

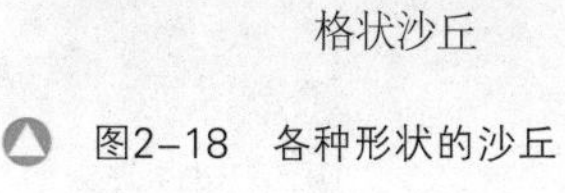

图2-18　各种形状的沙丘

海蚀地貌（图2-19），是指由海蚀作用对沿岸陆地所形成的地貌，包括海蚀崖、海蚀台、海蚀穴、海蚀拱桥、海蚀柱等。在有潮汐的海滨，高潮面与陆地接触处，波浪的冲掏作用形成槽形凹穴，断续地在沿海岸线分布，称为海蚀穴。海蚀穴被拍岸浪冲蚀扩大，顶部基岩崩塌，海岩后退时形成陡壁，称为海蚀崖。两个相反方向的海蚀穴被蚀穿而互相贯通，称为海蚀拱桥（或海穹）。海蚀崖后退过程中遗留的柱状岩体，称为海蚀柱。波浪冲掏崖壁，形成海蚀穴，悬空的崖壁在重力作用下崩塌，崩塌下来的石块遭受剥蚀搬运，海浪又重新冲掏崖壁下部，形成新的海蚀穴，这种过程不断进行，即形成海蚀台。在其宽度增大到波浪的冲蚀作用范围之外，海蚀台才停止发展。

海积地貌是近岸物质在波浪、潮流和风的搬运下沉积形成的各种形态，主要包括沙滩、连岛坝等类型。

海蚀柱

海蚀平台

海蚀拱桥

海蚀穴

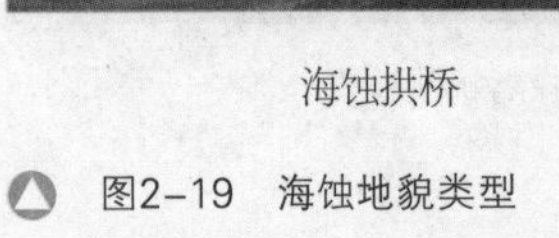

图2-19 海蚀地貌类型

Part 3 梦幻星球——世界地貌奇观

地球是一个美丽又神奇的星球，它除了孕育生命，并为生命提供适宜的气候、清洁的水源和富饶的土壤之外，还塑造了令人赏心悦目、叹为观止的地貌景观。让我们带着感恩之心，一起领略这颗梦幻星球上最为奇特、最为震撼的地貌景观，一起感受大自然的神奇造化吧。

世界地貌格局

全球地貌的格局主要指世界海陆分布，以及山脉、高原、平原等大型地貌的分布格局。它主要受到构造运动的控制（图3-1）。

一、海陆分布

地球的表面积为5.1亿平方千米。其中，海洋面积为3.6亿平方千米，占地球总表面积的71%；陆地面积为1.5亿平方千米，占地球总表面积的29%。

陆地是地球表面未被海水淹没的部分。陆地的平均高度为875米，大体分为大陆、岛屿和半岛。大陆是面积广大的陆

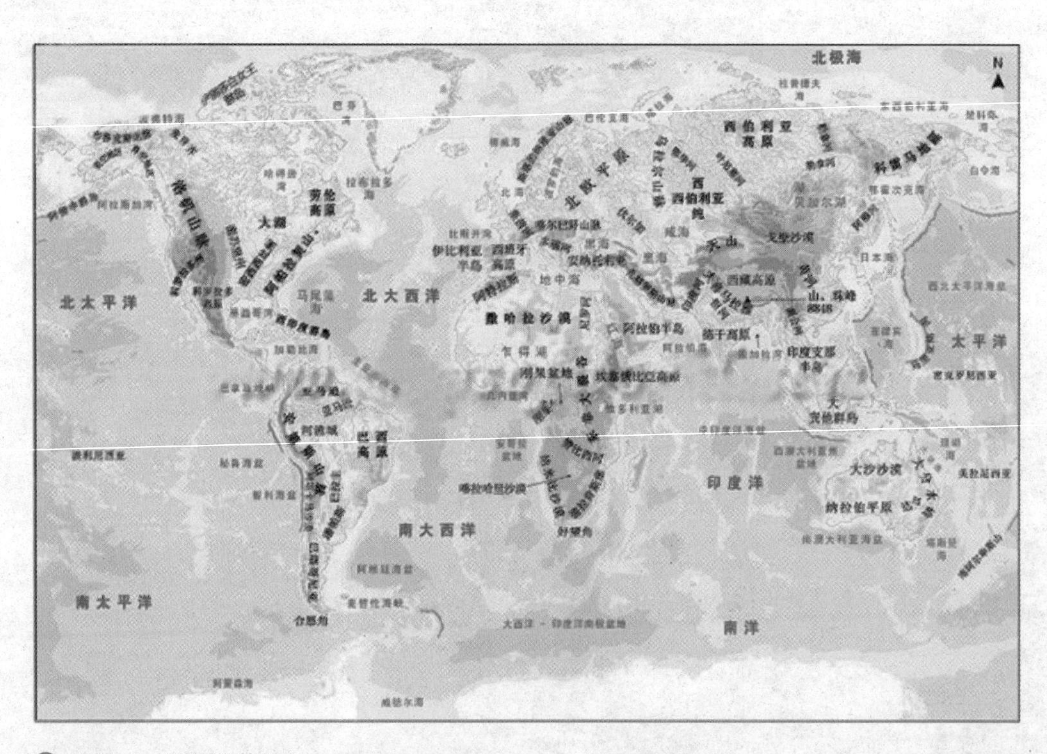

图3-1　世界地貌特征

地。全球有六块大陆，按面积大小依次为亚欧大陆、非洲大陆、北美大陆、南美大陆、南极大陆、澳大利亚大陆。大陆和它附近的岛屿总称为洲。全球有七大洲，按面积大小依次为亚洲、非洲、北美洲、南美洲、南极洲、欧洲和大洋洲。岛屿是散布在海洋、河流或湖泊中的小块陆地。彼此相距较近的一群岛屿称为群岛。世界岛屿总面积为970多万平方千米，约占世界陆地总面积的1/15。岛屿按成因可分为大陆岛、海洋岛（火山岛、珊瑚岛）和冲积岛。大陆岛多分布在大陆边缘海的外围，在地质构造上与附近的大陆相联系。世界上最大的大陆岛是格陵兰岛，面积为217万多平方千米。火山岛主要分布在太平洋西南部、印度洋西部和大西洋中部。珊瑚岛主要分布在南、北纬20度之间的热带浅海区，在太平洋热带的浅海区比较集中。半岛是伸入海洋或湖泊，一面同陆地相连，其余面被水包围的陆地。世界上最大的半岛是西亚的阿拉伯半岛，面积约300万平方千米。

海洋是地球上广阔连续的水域。海洋的平均深度为3 795米，包括洋、海和海峡。洋是海洋的主体部分，具有深渊而浩瀚的水域，有比较稳定的盐度（35‰左右），有独自的潮汐和洋流系统。世界上有太平洋、大西洋、印度洋和北冰洋四大洋。海是海洋的边缘部分，海没有独自的潮汐和洋流系统，面积较小，深度较浅，温度和盐度受大陆影响较大。世界上最大的海是澳大利亚东北面的珊瑚海，面积达479万多平方千米。海又分边缘海、内海和陆间海三种。濒临大陆，以半岛或岛屿与大洋分开的海，叫边缘海，如黄海、东海、南海等。伸入大陆内部，仅有狭窄水道与大洋或边缘海相通的海，叫内海，如渤海、波罗的海等。位于两个大陆之间的海，叫陆间海，如地中海。海峡是两端连接海洋的狭窄水道。

二、世界大型地貌

1. 山系

山地地面起伏大，山坡陡峻，相对高度大。线状延伸的山体叫山脉，成因上相联系的若干相邻山脉叫山系，是大陆的脊梁。山系多分布于板块交接地带，是板块相互挤压碰撞的结果。地球陆地上有两条巨大的山系带，一条是环太平洋山系带，一条是阿尔卑斯—喜马拉雅山系带。环太平洋山系带，主要为南北走向的巨大山系，包括美洲的科迪勒拉—安第斯山系、阿拉斯加山脉，亚洲和澳大利亚的太平洋沿岸山脉，以及日本、菲律宾等岛弧山脉。阿尔卑斯—喜马拉雅山系带，主要为东西走向的巨大山系，横跨于欧亚大陆中南部和非洲的北部，包括欧洲的阿尔卑斯山系、北非的阿特拉斯山脉，以及亚洲的兴都库什山脉、喀喇昆仑山脉和喜马拉雅山脉。这条山系向东经中南半岛、印度尼西亚至巽他群岛与环太平洋山带相接。

2. 高原

高原素有“大地的舞台”之称，它是在长期连续的大面积地壳抬升运动中形成的。高原地区易受河流和冰川的侵蚀和切割。世界高原主要分布在亚欧大陆、南北美洲和澳大利亚大陆，最高的高原是中国的青藏高原（海拔在4 000米以上），面积最大的高原为巴西高原（500多万平方千米）。世界上著名的高原有：内蒙古高原、青藏高原、云贵高原、黄土高原（中国），德干高原（印度），中西伯利亚高原（俄罗斯），蒙古高原（蒙古），伊朗高原（伊朗），埃塞俄比亚高原（埃塞俄比亚），东非高原（地跨多国，位于非洲东部），南非高原（非洲南部），墨西哥高原（墨西哥），巴西高原（巴西），科罗拉多高原、哥伦比亚高原、拉布拉多高原（美国），中央高原（法国），南极高原（南极）等。其中，大高原有亚洲的青藏高原和帕米尔高原、中西伯利亚高原、蒙古高原，非洲的北非高原、埃塞俄比亚高原、东非高原和南非高原，澳大利亚西部高原，南美洲的巴西高原及北美洲西部的山间高原等。

3. 平原

世界平原总面积约占全球陆地总面积的1/4，是地壳长期稳定、升降运动极其缓慢的情况下，经过外力剥蚀夷平作用和堆积作用形成的。冲积平原主要由河流冲积而成。它的特点是地面平坦，面积广大，多分布在大江、大河的中、下游两岸地区。侵蚀平原主要由海水、风、冰川等外力的不断剥蚀、切割而成。这种平原地面起伏较大。平原不但广大，而且土地肥沃，水网密布，交通发达，是经济文化发展较早较快的地方。世界十大平原包括亚马逊平原、东欧平原、西伯利亚平原、拉普拉塔平原、北美中央平原、图兰平原、恒河平原、印度河平原、华北平原、松嫩平原。

4. 丘陵

丘陵在世界上分布较为广泛。比如俄罗斯的中俄罗斯丘陵、伏尔加沿岸丘陵、瓦尔代丘陵，美国的帕卡斯丘陵、得克萨斯丘陵，澳大利亚的坦得农丘陵，德国的施贝比什山区、塔乌努斯丘陵，法国巴黎丘陵、阿基坦丘陵，英国的克茨沃尔斯丘陵等等。哈萨克丘陵是世界最大丘陵，位于哈萨克斯坦中部，东西长约1 200千米，南北宽400~900千米，海拔300~500米。美国的帕卡斯丘陵（图3-2）则是摄影家的天堂，连绵和缓的丘陵景色美不胜收。

图3-2 美国帕卡斯丘陵

5. 盆地

世界上著名的盆地有刚果盆地、乍得盆地、澳大利亚大自流盆地、卡拉哈迪盆地、塔里木盆地、美国大盆地、准噶尔盆地、尼罗河上游盆地、四川盆地、柴达木盆地、巴拉圭盆地等。非洲的刚果盆地是世界上最大的盆地，面积337万平方千米。澳大利亚盆地是世界第三大盆地，东部降水形成的地下水沿着地下岩层流到盆地后因承压而通过钻井或天然泉眼大量流出，称为自流盆地，盆地中现已有自流井4 500多眼，半自流井2万多眼。

震撼的几何之美——世界构造地貌

构造地貌一般会呈现规则的形态，可以让人感受到震撼的几何之美。它们有的纹理水平如直线，有的像一圈圈的同心圆，有的美如圆滑的曲线，让人不得不赞叹大自然的鬼斧神工。

一、壮观的水平构造地貌

地球上有些地区由于局部地表整体性抬升，其表层的沉积岩层未受到挤压产生褶皱，岩层保持了原有的水平状态，在流水等外力作用的切割下形成壮观的方山（桌状山）等水平构造地貌。

——地学知识窗——

方山

方山是顶平似桌面、四周被陡崖围限的方形山体，又称桌状山。方山常发育在近于水平或倾斜平缓的软硬相间的岩层分布区，受流水的强烈剥蚀切割，顶部覆有坚硬的岩层，就会形成顶平坡陡的桌状山。

1. 典型的方山地貌——纪念谷

纪念谷（图3-3）位于美国亚利桑那州与犹他州交界的印第安保留区里。纪念谷的特色是几座分布于戈壁之中的典型方山（**方山地貌**），这几座方山成为许多好莱坞电影中的取景地。纪念谷被誉为世界上最美的日落山谷。

2. 波浪般的地貌——波浪谷

波浪谷（图3-4）地处美国亚利桑那州和犹他州交界处的帕利亚，是一处由砂岩经流水剥蚀形成的地貌。组成波浪谷的岩石形成于1.9亿年前的侏罗纪，其岩层纹理非常清晰，加之岩石被剥蚀形成圆滑的谷地，远远看上去犹如翻滚的红色波浪，波浪谷由此得名。波浪谷也是欣赏地质构造地貌的良好去处，岩层的不整合接触、褶皱构造、倾斜构造等构造地貌类型清晰可见、一览无余，反映了这

图3-3　纪念谷的方山地貌

图3-4 波浪谷

一地区强烈、频繁的构造运动。

3. 天生桥荟萃之地——拱门国家公园

拱门国家公园（图3-5）位于美国犹他州靠近摩押处，面积309平方千米，保存了包括世界知名的精致拱门在内的超过2 000座天然岩石拱门（天生桥），其中精致拱门、景观拱门、双拱门等最具代表性。园内最高处象峰海拔1 753米。最初于1929年4月12日成为国家历史遗迹，1971年11月12日成为国家公园。至1970年，已有42座拱门因剥蚀作用而倒塌。

图3-5 拱门国家地质公园天生桥

4. 委内瑞拉卡奈马国家公园

卡奈马国家公园（图3-6）地处玻利瓦尔州东部高原，面积3万平方千米。1994年联合国教科文组织将卡奈马国家公园作为自然遗产，列入《世界遗产名录》。卡奈马国家公园发育有典型的方山地貌。

图3-6 卡奈马国家公园方山地貌

——地学知识窗——

构造穹窿

穹窿构造地貌是发育在地台盖层上的背斜（背斜是指岩层发生褶曲时，形状向上凸起的褶皱，与向斜相对应），形态大致呈圆形，中部呈穹窿状。其外围经流水等外力作用剥蚀后常形成环状单面山，陡坡朝向穹窿中心。在穹窿形成初期水系呈放射状，在深受剥蚀的穹窿上，形成环状水系。

二、神奇的构造穹窿

地球上有些构造穹窿非常壮观，如非洲撒哈拉大眼睛、美国羊背山、美国茶壶山等。

1. 完美的同心圆——撒哈拉大眼睛

“撒哈拉大眼睛”（图3-7）位于非洲毛里塔尼亚Oudane地区，撒哈拉沙漠西部，地质学也称其为理查特圆圈构造，直径达50千米，像一只圆圆的大眼睛，日夜仰望着太空。从太空中看理查特圆圈构造非常清楚，宇航员在太空中用它作为观察地球的重要的显著地标之一。理查特圆圈构造其实就是一个剥蚀后沉积岩的穹窿构造。对于理查特圆圈构造来说，原先近水平的古生代奥陶纪的沉积岩层，或同时受到水平方向近于相等的构造应力挤压，或原先的褶皱在垂直褶皱轴的方向上再挤压褶皱，最后褶皱抬升形成穹窿。经上亿年风化剥蚀，该穹窿逐渐去顶，那些外围呈同心圆圈状分布的空隙少、强度高、极耐风化的石英岩保留下来，构成现在的同心圆环（洋葱）构造，岩层向外倾10°～20°。

2. 椭圆形穹窿——美国羊背山

穹窿构造也不一定全是圆的，有的在平面上呈椭圆形。例如美国怀俄明州西北部的羊背山（图3-8），它位于Lovell和Greybull 两个小镇之间，是Bighorn 盆地中发育于沉积岩中一个北西—南东向延伸的背斜。

3. 美国怀俄明州茶壶山

茶壶山（图3-9）位于美国怀俄明

图3-7 撒哈拉大眼睛

图3-8 美国羊背山

图3-9 美国茶壶山

州，其名称就来源于山体奇特的构造形态，如同一把椭圆形的茶壶，也是穹窿构造受到外力剥蚀后形成的。

三、典型断裂构造地貌

地球上大部分断裂构造地貌受到外力作用改造后，普通人难以用肉眼识别出来，但有些地区的断裂构造地貌由于地表裸露，可从远处和高空清晰地观看其断裂形态，并感受其巨大的魅力。

1. 非洲大裂谷

东非大裂谷（图3-10）是世界大陆上最大的断裂带，从卫星照片上看犹如一道巨大的伤疤。乘飞机越过浩瀚的印度洋进入东非大陆的赤道上空时，从机窗向下俯视，地面上一条硕大无比的"刀痕"呈现在眼前，顿时让人产生一种惊异而神奇的感觉，这就是著名的"东非大裂谷"，亦称"东非大峡谷"。这条长度相当于地球周长1/6的大裂谷，气势宏伟，景色壮观，是世界上最大的裂谷带（图3-11）。

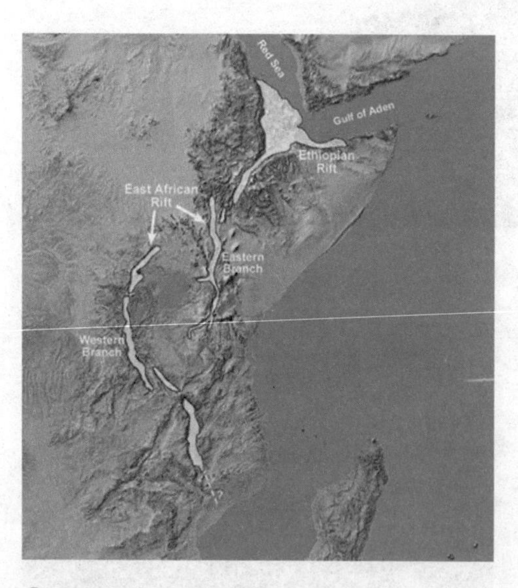

图3-10　东非大裂谷

东非大裂谷的整个形状可画成不规则三角形，最深达2 000米，宽30~100千米，全长6 000千米，是世界上最长的不连续谷，由探险家约翰·华特·古格里命名。东非大裂谷的详细地理位置，以三角形的三个点来描述的话，南点在莫桑比克入海口，西北点则远到苏丹约旦河，北点则可进入死海，中间有许多个湖泊、火山群。这条裂谷带位于非洲东部，南起赞比西河口，向北经马拉维湖分为东、西两支。东支裂谷带沿维多利亚湖东侧，向北经坦桑尼亚、肯尼亚中部，穿过埃塞俄比亚高原入红海，再由红海向西北方向延伸

图3-11　东非大裂谷局部地貌

抵约旦谷地，全长近6 000千米。这里的裂谷带宽度较大，谷底大多比较平坦，裂谷两侧是陡峭的断崖，谷底与断崖顶部的高差从几百米到2 000米不等。西支裂谷带大致沿维多利亚湖西侧由南向北穿过坦噶尼喀湖、基伍湖等一串湖泊，向北逐渐消失，规模比较小。东非裂谷带两侧的高原上分布有众多的火山，如乞力马扎罗山、肯尼亚山、尼拉贡戈火山等，谷底则有呈串珠状的湖泊30多个。

2. 加利福尼亚州的圣安德烈斯断层

圣安德烈斯断层（图3–12）贯穿美国加利福尼亚州，长约1 287千米，伸入地面以下约16千米，处于向西北运动的北美洲和向西南运动的太平洋板块边沿，系交错挤压形成的转换断层型边界，为两大构造板块之间的断裂线，其存在的时间已经超过2000万年。圣安德烈斯断层与普通断层不同，一般的断层是两个板块上下错动，而圣安德烈斯断层是南北走向，两个板块是水平运动的，北美板块向西南运动，太平洋板块向西北运动。

图3–12　圣安德烈斯断层

四、规则的玄武岩柱

玄武岩（Basalt）是一种基性喷出岩， 是由火山喷发出的岩浆在地表冷却后凝固而成的一种致密状或泡沫状结构的岩石。在玄武岩熔岩流中，岩石垂直冷凝面常发育成规则的六方柱状节理，可构成令人震撼的自然景观。世界上著名的玄武岩柱景点有爱尔兰巨人之路、苏格兰斯塔法岛、美国怀俄明州的恶魔塔、以色列/叙利亚戈兰高地的六角池、韩国济州岛的柱状节理带等。

1. 爱尔兰巨人之路

巨人之路（图3–13）位于北爱尔兰贝尔法斯特西北约80千米处大西洋海岸，是爱尔兰著名旅游景点。它由4万多根大小不均匀的玄武岩石柱聚集成一条堤道，绵延几千米，气势磅礴，蔚为壮观，被视为世界自然奇迹。300年来，地质学家们研究其构造，了解到它是在第三纪由活火山不断喷发而形成的。活火山不断喷发后，火山熔岩多次溢出结晶而成石柱 ，又经过海浪冲蚀，石柱群在不同高度被截断，便呈现出高低参差的石柱林地貌。组成巨人之路的石柱横截面宽度在37~51厘米之

图3-13 爱尔兰巨人之路

间，典型宽度约为0.45米，延续约6 000米长。这些柱子大都是六边形的，其中也不乏四边形、五边形、七边形和八边形的，岬角最宽处约12米，最窄处仅有三四米，这也是石柱最高的地方。在这里，有的石柱高出海面6米以上，最高者可达12米。也有的石柱隐没于水下，或与海面一般高。

2. 苏格兰斯塔法岛的芬格尔洞

斯塔法岛（图3-14）是苏格兰西海岸外的一个小岛，其岩石由黑色玄武岩石柱组成。一条由较短石柱组成的岩岬通往斯塔法岛最著名的风景点，即芬格尔洞。芬格尔洞是一个巨大的海洞，洞深85米，高23米，其奇特之处在于洞穴的内壁由一根根规则的岩石玄武岩柱组成。芬格尔洞被游客称为“真正意义上的天然大教堂”。这个海洞被赋予与众不同的声学特性，能够扭曲和放大海浪冲击时发出的声响。苏格兰小说家沃尔特·斯科特爵士曾造访芬

图3-14 苏格兰斯塔法岛

格尔洞，他说："这是我去过的最非凡的地方之一，已经超过了任何语言的描述能力。它永恒不变地受到海水的冲刷，所呈现的景象非语言所能形容。"

五、火山地貌

全球共有四大火山带，即环太平洋火山带、大洋中脊火山带、东非裂谷火山带和阿尔卑斯—喜马拉雅火山带，这些火山带上孕育了大量火山（图3-15）。日本富士山、乞力马扎罗山等以其独特的特点成为世界上最为著名的火山地貌。

1. 日本富士山

富士山（图3-16）位于东京西南约80千米的静冈县与山梨县交界处，是日本第一高峰，高3 775.63米。目前，它处于休眠状态，但地质学家仍然把它列入活火山之类。富士山被日本人民誉为"圣岳"，是日本民族引以为傲的象征。富士山山体高耸入云，山巅白雪皑皑，放眼望去，好似一把悬空倒挂的扇子，因此也有"玉扇"之称。

2. 乞力马扎罗山

乞力马扎罗山（图3-17）是非洲第一高峰，海拔5 895米，被称作非洲的"珠穆朗玛峰""非洲屋脊"。乞力马扎罗山有两个主峰，一个叫基博，另一个叫马文济，两峰由一个十多千米长的马鞍形山脊相连。远远望去，乞力马扎罗山是一座孤单耸立的高山，在辽阔的东非大草原上拔地而起，高耸入云，气势磅礴。雄伟的蓝灰色的山体戴着她那白雪皑皑的山顶，赫然耸立于坦桑尼亚北部的半荒漠地区，如同一位威武雄壮的勇士守卫着非洲这块美丽神奇的古老大陆。乞力马扎罗山是一座至今仍在活动的休眠火山，基博峰顶有一个直径2 400米、深200米的火山口，口内四壁是晶莹无瑕的巨大冰层，底部耸立着巨大的冰柱。

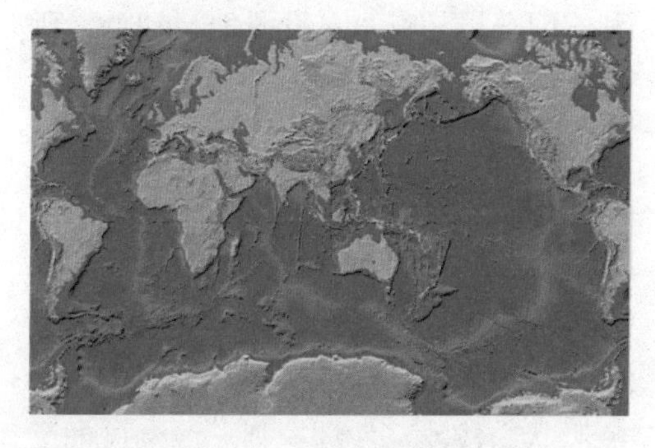

图3-15 全球火山带分布示意图

图3-16 富士山

图3-17　空中俯瞰乞力马扎罗山

秀丽山川——世界流水地貌

流水地貌广泛分布于世界的各个角落。看似柔弱的流水，却塑造出了蜿蜒的河流、幽深的峡谷、富饶的三角洲和壮观的瀑布等流水地貌景观。

一、形状各异的三角洲

由于河流河口水流、波浪和潮汐作用的相对强弱，三角洲的形态也千差万别。世界上著名的三角洲有亚马逊河三角洲、尼罗河三角洲等。

1. 亚马逊河三角洲

亚马逊河（图3-18）全长6 751千米，流域面积691.5万平方千米，约占南美大陆总面积的40%。亚马逊河与尼罗河同为世界第一长河，是世界上流量最大、流域面积最广的河。从秘鲁的乌卡亚利—阿普里马克水系发源地起计算，亚马逊河全长约6 751千米，干支流蜿蜒流经南美洲7个国家。该河入海口在大西洋，每年注入大西洋的水量约6 600立方千米，相当于世界河流注入大洋总水量的1/6。亚马逊河河口宽达240千米，呈喇叭状，浅滩、沙洲罗列。海潮可涌至河口以上960千米的奥比多斯。

由于亚马逊河流域植被茂盛，河流输沙量相对较少，加之河口处潮汐和海浪作用强烈，河口泥沙沉积作用微弱，导致亚马逊河三角洲规模较小，发育不典型。

2. 尼罗河三角洲

尼罗河（图3-19）是非洲主河流之父，位于非洲东北部，是一条国际性的河流。尼罗河发源于赤道南部的东非高原上的布隆迪高地，干流流经布隆迪、卢旺达、坦桑尼亚、乌干达、苏丹和埃及等国，最后注入地中海。干流自卡盖拉河源头至入海口，全长6 670千米，是世界流程最长的河流。流域面积约335万平方千米，占非洲大陆面积的1/9，入海口处年平均径流量810亿立方米。尼罗河最下游分成许多汊河流注入地中海，这些汊河流都流淌在三角洲平原上。尼罗河三角洲所处环境，波浪作用已与河流作用几近相等，但仍具有波浪型三角洲的一般特点。三角洲面积约24 000平方千米，地势平坦，河渠交织，是古埃及文化的摇篮，也是现代埃及的政治、经济、文化中心，也是人类文明的最早发源地之一，古埃及文明就诞生于此。现今，埃及90%以上的人口均分布在尼罗河沿岸平原和三角洲地区。埃及人称尼罗河是他们的“生命之母”。

二、深切的峡谷

峡谷地貌是最富吸引力的地貌类型之一，雅鲁藏布江大峡谷、科罗拉多峡谷等是世界最为知名的峡谷景观。

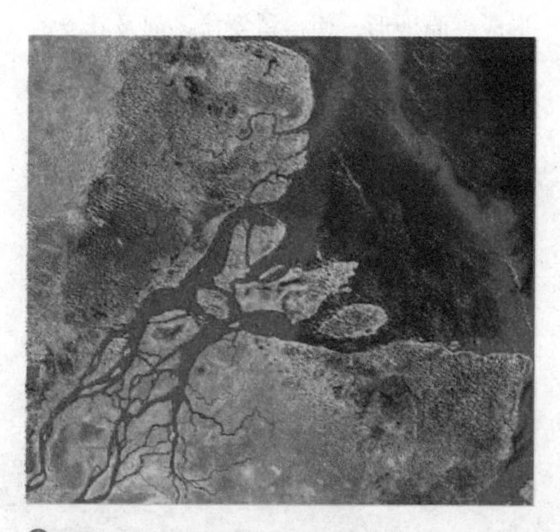

图3-18　亚马逊河三角洲遥感照片

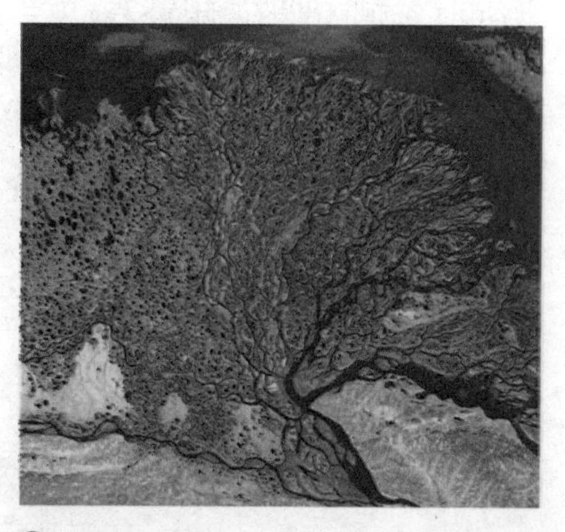

图3-19　尼罗河三角洲遥感照片

1. 雅鲁藏布江大峡谷

雅鲁藏布江大峡谷（图3-20）位于中国西藏雅鲁藏布江下游，是一个围绕着喜马拉雅山东端的最高峰——南迦巴瓦峰（海拔7 787 米）作了一个马蹄形大拐弯的奇特峡谷。该峡谷长达504.6 千米，最深6 009 米，峡谷底河床宽度仅为35米。雅鲁藏布江大峡谷的种种地理特征都远远超过原认为世界之最的美国科罗拉多大峡谷（长度370千米，极值深度2 133 米）、秘鲁的科尔卡峡谷（长度90千米，极值深度3 200 米）和尼泊尔的喀利根得格峡谷（长度60千米，极值深度4 403 米）。从空中或从西兴拉等山口鸟瞰大峡谷，在东喜马拉雅山无数雪峰和碧绿的群山之中，雅鲁藏布江硬是切出一条笔陡的峡谷，其壮丽奇特无与伦比。雅鲁藏布江大峡谷中许多河段两岸岩石壁陡立，根本无法通行，至今还无人全程徒步穿越峡谷。雅鲁藏布江大峡谷是青藏高原最大的水汽通道，也是世界上因地形而产生气流运移的最大通道。水汽通道的存在不仅造就了雅鲁藏布江流域的特殊降水分布，而且造就了藏东南特殊的海洋性气候环境。

2. 美国科罗拉多大峡谷

科罗拉多大峡谷（图3-21）位于美国亚利桑那州西北部，科罗拉多高原西南部，是世界上最大的峡谷之一，也是地球上的自然界七大奇景之一。科罗拉多大峡谷全长446千米，平均宽度16千米，最深2 133米，平均深度超过1 500米，总面积2 724平方千米。科罗拉多大峡谷原是在剥蚀夷平面的基础上，在地壳的差异性抬升、流水作用、风力作用、崩塌作用下形成的壮观的峡谷地貌。大约6 500万年以前，科罗拉多地区抬高了1 500~3 000米，形成高原地形，使得科罗拉多河及其支流的倾斜度大大增加，从而加快了其流速，

图3-20 雅鲁藏布江大峡谷大拐弯

图3-21 科罗拉多大峡谷

增强了其下切岩石的能力。120万年前，古科罗拉多河下切到了与现在相差无几的深度。科罗拉多大峡谷是欣赏基岩阶地、河曲、岩槛、壶穴等地貌的绝好去处。大峡谷两岸都是红色的巨岩断层，大自然用鬼斧神工的创造力镌刻得岩层嶙峋、层峦叠嶂，夹着一条深不见底的巨谷，卓显出无比的苍劲壮丽。更为奇特的是，当它沐浴着阳光时，由于太阳光线的强弱变化，岩石的色彩则时而是深蓝色，时而是棕色，时而又是赤色，变幻无穷，彰显出大自然的斑斓诡秘，这时的大峡谷宛若仙境般七彩缤纷、苍茫迷幻，令人流连忘返。峡谷的色彩与结构，特别是那气势磅礴的魅力，是任何雕塑家和画家都无法模拟的。1890年，美国作家约翰·缪尔游历了大峡谷后写道："不管你走过多少路，看过多少名山大川，你都会觉得大峡谷仿佛只能存在于另一个世界、另一个星球。"

三、壮观的瀑布

瀑布在地质学上叫跌水，是流动的河水突然近乎垂直跌落的地区。世界上最著名的三个大瀑布是美国和加拿大之间的尼亚加拉瀑布，非洲赞比西河上的维多利亚瀑布，阿根廷、巴西及巴拉圭之间的伊瓜苏瀑布。

1. 最宽的瀑布——伊瓜苏瀑布

在南美洲地区，巴西和阿根廷的交界处，有一条河叫伊瓜苏。它发源于巴西南部巴拉那州东部大西洋沿岸山区，依地势自东向西流至巴西、阿根廷、巴拉圭三国交界处与巴拉那河汇合，然后向西南，再向东南，在乌拉圭境内注入大西洋。在伊瓜苏河与巴拉那河汇合处东方上游约25千米处，自东向西的河水在经过一个U字形大拐弯时，从宽广的河道陡然跌入一条峡谷，就有了一个让人过目难忘的大瀑布——伊瓜苏瀑布（图3-22）。悬崖边有无数树木丛生的岩石，使伊瓜苏河由此跌落时约分为275股急流或泻瀑，高度60~82米不等。伊瓜苏瀑布是北美洲尼加拉瀑布宽度的4倍，比非洲的维多利亚瀑布大一些，是世界上最宽的瀑布，为马蹄形瀑布，高82米，宽4 000米，平均落差75米。1984年被联合国教科文组织列为世界自然遗产。

2. 维多利亚瀑布

维多利亚瀑布（图3-23）位于赞比亚和津巴布韦之间的边界，赞比亚人称它为Mosi-oa-Tunya，意思是"雷鸣雨雾"，而津巴布韦人则叫它维多利亚瀑布。瀑布的宽度为1.7千米，高度为108

图3-22 伊瓜苏瀑布

图3-23 维多利亚瀑布

米。它是1855年大卫·利文斯顿首次发现的，并为其命名“英格兰维多利亚女王”。在湿季，该瀑布每分钟有超过538 020立方米的水倾泻而下。有时候可从40千米之外的地方看到水雾。河流跌落处的悬崖对面又是悬崖，两者间的峡谷仅75米宽，水在这里形成一个名为“沸腾涡”的巨大旋涡，然后顺着72千米长的峡谷流去。

3. 尼亚加拉瀑布

尼亚加拉瀑布（图3-24）位于加拿大安大略省和美国纽约州的交界处，是北美东北部尼亚加拉河上的大瀑布，也是美洲大陆最著名的奇景之一。尼亚加拉河横跨美国纽约州与加拿大安大略省的边界，是连接伊利湖和安大略湖的一条水道，河流蜿蜒而曲折，南起美国纽约州的布法罗，北至加拿大安大略省的杨格镇，全长仅54千米，海拔却从174米直降至75米。上游河段河面宽2～3千米，水面落差仅15米，水流也较缓。从距伊利湖北岸32千米起河道变窄，水流加速，在一个90°急转弯处，河道上横亘了一道石灰岩构成的断崖，水量（平均流量2 407立方米/秒）丰富的河水骤然陡落，水势澎湃，声震如雷，形成了尼亚加拉瀑布。

图3-24 尼亚加拉瀑布

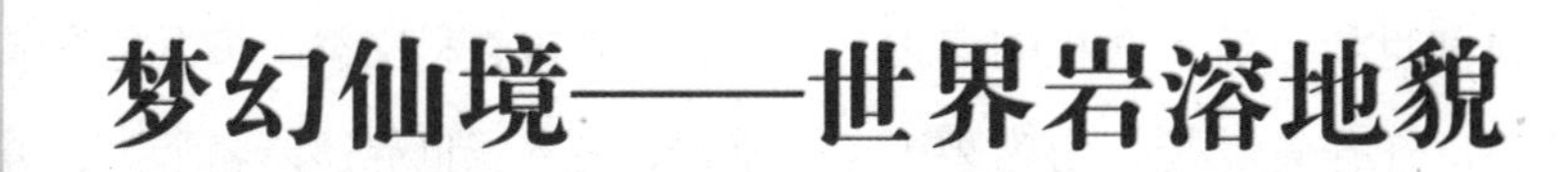

梦幻仙境——世界岩溶地貌

岩溶地貌以其秀丽的峰林、变化莫测的洞穴、华丽的钙华景观享誉世界，是造型最丰富、景致最奇特的地貌类型。岩溶地貌在世界上分布很广，面积达51 × 10^6平方千米，占地球总面积的10%，从热带到寒带或者由大陆到海岛都有它的踪迹。在全球性的碳酸盐岩条带上，发育了三大块较集中的岩溶山区：地中海沿岸的中南欧—阿尔卑斯山直到法国中部高原，以及俄罗斯乌拉尔山地；美国中东部印第安纳州和肯达基州岩溶山区，西印度群岛、古巴、牙买加以及澳大利亚南部；中国西南岩溶山区，以及越南北部。在这三大地带均有典型岩溶地貌的分布。我国岩溶地貌不但分布广，面积大，发育也很典型。总面积91万~130万平方千米，以广西、贵州、云南、四川和青海（即云贵高原东部）所占的面积最大，是世界上最大的岩溶地区之一。闻名于世的“桂林山水”和路南石林等即在这一区域内。

一、岩溶峰林峰丛地貌

在全球范围内典型的峰林、峰丛喀斯特地貌主要分布在中国南方，并绵延至东南亚一带。中国最著名的三大峰林地貌是广西桂林峰林、贵州万峰林、云南罗平峰林。在东南亚，则主要分布在越南北部，零星分布于泰国、菲律宾、缅甸、老挝、柬埔寨、马来西亚、印度尼西亚等地，最著名的当属越南下龙湾，属于海上岩溶峰林地貌，可与桂林山水相媲美。

1. 广西桂林阳朔

“桂林山水甲天下，阳朔山水甲桂林”，高度概括了桂林阳朔自然风光在世界上所占有的重要位置。境内有奇特的岩溶孤峰2万多座，自然景点110多处。2014年，广西桂林岩溶地貌（图3−25）入选世界自然遗产，漓江被美国CNN杂志评为世界十五条最美河流之一，阳朔也被CNN评为中国最值得去的40个地方，且推介图就是翠屏风光。在《中国国家地理》杂志评选的中国三大“最美的喀斯特峰林”中，阳朔葡萄峰林排名第一。阳朔葡萄峰林还被世界岩溶地质研究界评为世界第一峰林和世界上最大面积的溶蚀性孤峰平原。“江作青罗带，山为碧玉簪”“几程漓江水，万点桂山尖”，是桂林生动的景、境写照。桂林山水之美妙与奇幻以至甲冠天下，正是其秀美的峰林和峰丛岩溶地貌的缘故。

2. 越南下龙湾

下龙湾，位于北部湾西部，离越南首都河内150千米，是越南北方广宁省的一个海湾，风光秀丽迷人，闻名遐迩。1994年，联合国教科文组织将下龙湾作为自然遗产，列入《世界遗产名录》。2011年11月12日“世界新七大自然奇观”公布，下龙湾榜上有名。该风景区共分为东、西、南3个小湾，因其景色酷似中国的桂林山水，因此被称为“海上桂林”。越南下龙湾地貌为海上喀斯特峰林地貌（图3-26），包含约3 000个岩石岛屿和土

图3-25 桂林峰林地貌

图3-26 越南下龙湾海上喀斯特峰林

岛，其中以木头洞最具特色，有“岩洞奇观”之称。该洞位于万景岛海拔189米最高峰的半腰，洞口不大，洞内广阔，分为三层，外洞可容数千人，洞壁上的钟乳石形成各种动物形象，活灵活现，令人称奇。

二、岩溶石林地貌

世界上较为典型的石林有马达加斯加安卡拉那国家公园石林、巴布亚新几内亚凯靖德山地石林、马来西亚沙捞越的穆鲁高山剑状石林岩溶、澳大利亚墓碑石、菲律宾巴拉望石林、希腊塞萨利石林、西班牙马拉加省石林、法国阿尔代什高原石林等。我国的云南路南石林是世界上最为典型的岩溶石林地貌，四川兴文石海也是规模较大的石林地貌。

1. 云南路南石林

云南路南石林（图3-27）位于云南省昆明市石林彝族自治县境内，海拔1 500~1 900米，面积12平方千米，是世界唯一位于亚热带高原地区的喀斯特（溶洞）地貌风景区，素有“天下第一奇观”“石林博物馆”的美誉。2001年被批准为国家地质公园，2004年被联合国教科文组织评为首批世界地质公园，2007年入选《世界遗产名录》。云南石林是世界石林地貌的最好范例，具有最为典型的喀斯特石林地貌特征。整个景区由密集的石峰组成，石林直立突兀，线条顺畅，并呈淡淡的青灰色，最高大的独立岩柱高度超过40米。景区有“莲花峰”“剑峰池”“千钧一发”“极狭通人”“象距石台”“幽兰深谷”“凤凰梳翅”等典型景点，最著名的当数龙云题词“石林”之处的“石林胜境”。

图3-27　云南路南石林

2. 马达加斯加的安卡拉那国家公园石林

安卡拉那国家地质公园石林（图3-28）位于非洲的马达加斯加，面积180平方千米，以石林、岩洞、地下暗河等岩溶地貌为特色。其地表石林地貌可与我国的路南石林地貌、四川兴文石海地貌相媲美，而其地下河流供应体系长110千米，是非洲最长的。这里就像自然艺术长廊一样，钟乳石、石笋等喀斯特溶洞地貌琳琅满目，令人目不暇接。

三、岩溶洞穴

岩溶洞穴广泛分布于世界各岩溶地区。美国猛犸洞（图3-29）是世界上最长的洞穴，伯利兹大蓝洞是世界上最大的水上洞穴。

1. 美国猛犸洞

猛犸洞位于美国肯塔基州中部的猛犸洞国家公园，是世界自然遗产之一。猛犸洞以古时候的长毛巨象猛犸命名，截至2006年，这个"巨无霸"洞穴已探出的长度近600千米，究竟有多长，至今仍在探索。猛犸洞以溶洞之多、之奇、之大称雄世界。猛犸洞中的16千米已对游客开放。它由255座溶洞分五层组成，上下左右相互连通，洞中有洞，宛如一个巨大而曲折幽深的地下迷宫。有77座地下大厅，其中最高的一座称为"酋长殿"，它略呈椭圆形，长163米，宽87米，高38米，厅内可容纳数千人。有一座"星辰大厅"很富诗意，它的顶棚由含锰的黑色氧化物形成，上面点缀着许多雪白的石膏结晶，从下面看上去，仿佛是星光闪烁的天穹。洞内最大的暗河——回音河低于地表110米，宽6~36米，深1.5~6米，游客可乘平底船循河上溯游览洞内的风光。

图3-28　安卡拉那国家公园石林地貌

图3-29　猛犸洞

2. 伯利兹大蓝洞

伯利兹大蓝洞（图3-30）为一喀斯特岩溶洞穴，位于委内瑞拉灯塔礁的灯塔暗礁，是一个垂直的洞穴，也是目前已发现的全世界最大的水下洞穴，外观呈圆形，直径约304米，深约122米。洞口呈现近乎完美的圆形，又非常巧合地与合围的环礁重合，从天上俯瞰仿佛是一道美丽的花环，呈现出深蓝色的景象。该洞形成于海平面较低的冰河时代末期，后来因为海水上升，洞顶随之塌陷，遂变成水下石灰石洞穴。现今的大蓝洞是一个名闻遐迩的潜水胜地，世界著名的水肺潜水专家雅各·伊夫·库斯托将大蓝洞评为世界十大潜水宝地之一，并于1971年进行测绘。

四、钙华景观

钙华景观是一种非常美丽的岩溶地貌。中国青藏高原东部的云南、四川地区发育有大量钙华景观，其中黄龙和九寨沟景区最为典型。世界其他地区，最为著名的钙华地貌景观是土耳其的棉花堡。

1. 中国青藏高原东缘钙华带

中国青藏高原东缘的高寒高山地区存在一个世界级的钙华风景带，这个区域有着世界罕见的瑰丽奇美的钙华风景（图3-31）。它的范围南至云南香格里拉的白水台，北到四川西北的九寨沟，长达数百千米。从南向北，这个钙华风景带依次分布着云南香格里拉白水台、四川康定贡嘎玉龙溪，最集中分布的区域是四川西北岷山一带，如宝兴县赶羊沟、小金县海子沟、黑水县卡龙沟、松潘县牟尼沟、松潘县漳腊、松潘县黄龙、九寨沟县神仙池与九寨沟等区域，因此，有专家将这种风景

图3-30 伯利兹大蓝洞

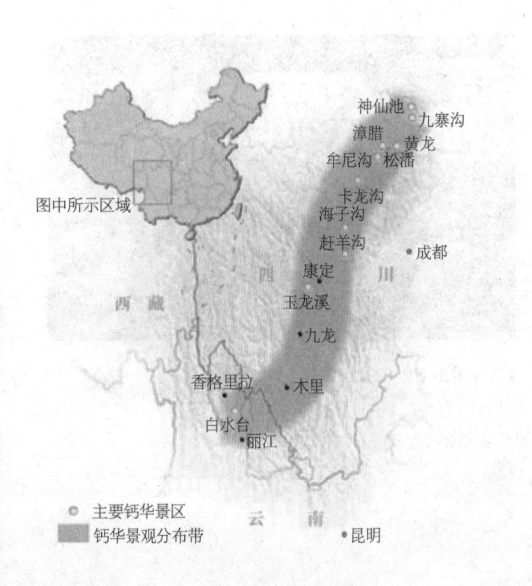

图3-31 青藏高原东缘钙华带位置图

称为“岷山喀斯特”，其中以黄龙和九寨沟景区最为著名。

黄龙钙华景观（图3-32）类型齐全，钙华边石坝彩池、钙华湖、钙华瀑布、钙华洞穴、钙华泉等一应俱全，是一座名副其实的天然钙华博物馆。它规模巨大，连绵分布的钙华段长达3 600米，最长的钙华滩长1 300米，最宽170米，彩池3 400余个，边石坝最高达7.2米，扎尕钙华瀑布高达93.2米，这些都属中国之最，世界无双。它分布集中，在全区广阔的碳酸盐地层上，钙华奇观仅集中分布在黄龙沟、扎尕沟、二道海等四条沟谷中海拔3 000~3 600米高程段。在黄龙可以观察到各个发育阶段的钙华景观，区内黄龙沟、二道海、扎尕沟分别处于钙华的现代形成期、衰退期和蜕化后期，是研究钙华演替过程的绝佳场所。黄龙钙华池水的颜色丰富，随着周围景色变化和阳光照射角度变化，变幻出五彩的颜色，被誉为“人间瑶池”。

2. 土耳其棉花堡

棉花堡（图3-33）在土耳其的纺织工业重镇Denizli，位于西南部山区，距离伊兹密尔约200千米，是典型的喀斯特钙华沉积地貌。土文Pamukkale是由Pamuk（棉花）和Kale（城堡）两个字组成的。棉花意指其色白如棉，远看像棉花团，其实是坚硬的石灰岩地形；城堡是说它由整个山坡构成，一层又一层，形状像城堡。

图3-32 四川黄龙钙华景观

图3-33 土耳其棉花堡钙化景观

——地学知识窗——

钙华池池水颜色缤纷多彩的原因

钙华池中的石灰岩吸附固定了水流中的悬浮物，且水体循环畅通，保证了池水很高的洁净度和透明度。与此同时，水中的钙镁离子使得水体对于阳光中短波长的蓝紫光散射率远大于长波长的红黄光，让水呈现蓝绿色。此外，湖底白色的钙华、黄绿色的藻类以及水深的层次变化，更增加了湖水色彩的层次和变化。

海滨风光——世界海蚀海积地貌

海蚀海积地貌广泛分布于各个沿海地区，不同的海岸岩性、气候特征、地形和海浪条件造就了多彩的海蚀海积地貌，有些地区形成了优美的沙滩景观，有些地区的海蚀地貌较为壮观。

一、海积地貌

海积地貌以沙滩、沙坝为主要特色，东南亚、地中海沿岸、澳大利亚、太平洋中低纬度岛屿、墨西哥湾沿岸有着优美的海滨沙滩风光，吸引着世界各地的旅客。其中，夏威夷海滩、泰国的普吉海滩、菲律宾的博龙岸海滩、澳大利亚的黄金海岸、墨西哥的坎克恩海滩、巴西的里约热内卢沙滩等被称为世界十大著名海滩。

1. 美国夏威夷海积地貌

美国夏威夷（图3-34）是世界最为著名的旅游区之一，包括主岛瓦胡岛，共有100多个小岛和8个大岛屿，是由太平洋海底火山爆发形成的火山岛屿，绵延2 450千米，形成新月形岛链。虽地处热带，气候却常年温和宜人，拥有得天独厚的美丽环境，风光明媚，海滩迷人，每年都被世界旅游界选为最佳游地。夏威夷群岛拥有优美的沙滩等海积地貌景观。

2. 泰国普吉岛

普吉岛位于印度洋安达曼海东北部，

离泰国首都曼谷867千米，是泰国境内唯一受封为省级地位的岛屿。它有深远的历史和文化，被誉为安达曼海的明珠，是泰国主要的旅游胜地。普吉岛是个由北向南延伸的狭长岛屿，面积与新加坡相近。岛上主要的地形是绵亘的山丘，有少量盆地，还有39个离岛。事实上，“普吉岛”一语源自马来文，“普吉”就是代表山丘的意思。全岛南北长48千米，东西最宽处达21千米。普吉岛是东南亚具有代表性的旅游度假胜地。岛的西海岸正对安达曼海，那里遍布洁白的沙滩，每个沙滩都有各自的优点和魅力，白色的海滩（图3-35）、奇形异状的石灰礁岩及丛林遍布的山丘，每年都吸引着大量旅客。这里遍布海滩和海

图3-34 美国夏威夷海岸风光

图3-35 普吉岛白色沙滩

湾，有以清净著称的卡马拉海滩，有私密性风格的苏林海滩，有经常举行海上运动的珊瑚岛，还有夜生活较丰富的芭东海滩等。位于普吉岛东北角75千米处的攀牙湾，被誉为全岛风景最美丽的地方，有泰国的“小桂林”之称。这里遍布着数以百计的石灰岩小岛，小岛的名称与其形状极为吻合。还有巧夺天工的钟乳石岩穴和数不清的怪石、海洞。其中，007岛（也称铁钉岛）（图3-36）、钟乳岛石洞（即佛庙洞和隐士洞）更以其天然奇景而著称。海湾内遍布珍贵的胎生植物红树林。

二、海蚀地貌景观

海积地貌最为吸引人之处是细腻、柔软的沙滩，适合于休闲度假，而海蚀地貌景观则有海蚀洞、海蚀崖、海蚀柱等奇特景观，适于观光，可让人领略海浪的巨大威力。世界著名海蚀地貌景观有台湾野柳、澳大利亚坎贝尔港十二使徒岩、马耳他蓝色窗口等。

1. 台湾野柳海蚀地貌

野柳位于台湾基隆市西北方约15千米处的台湾新北市万里区，是突出海面的岬角（大屯山系），长约1 600米，宽仅250米，远望如一只海龟蹒跚离岸，昂首拱背而游，因此也有人称之为野柳龟。受造山运动的影响，深埋海底的沉积岩上升至海面，产生了附近海岸的单面山、海蚀崖、海蚀洞海蚀柱（图3-37）等地形，海蚀、风蚀等在不同硬度的岩层上作用，形成蜂窝岩、豆腐岩、蕈状岩、姜状岩、

图3-36　普吉岛007岛

风化窗等世界级的地貌景观。

2. 澳大利亚坎贝尔港十二使徒岩

坎贝尔港国家公园建于1964年，面积17.50平方千米，覆盖了王子镇Princetown和Peterborough之间的海岸线区域。在坎贝尔港国家公园内的海岸线上，矗立着风化和海水剥蚀形成的12个独立海蚀柱，形态各异，犹如人的面孔，因为它们的数量及形态恰巧酷似耶稣的十二使徒，人们就以圣经故事里的十二使徒为之命名，称为“十二使徒岩”（图3-38）。南极圈吹来的季候风卷起惊涛拍岸，回音重重，声音从一百多米下的崖壁传送上来，如天籁一般。前段时间，“十二使徒岩”再次出现崩塌，其中一块岩石在几名观光客面前瞬间“分崩离析”。如今，“十二使徒岩”只剩其八，眼看着巍峨的巨岩变成一堆碎石块，人们不由扼腕叹息。

3. 海蚀拱桥——黎巴嫩the Rock of Raouché

the Rock of Raouché 又称鸽子岩（图3-39），是非常壮观的海蚀柱、海蚀拱桥景观，雄伟地矗立在港口贝鲁特，好似放哨的士兵，每年吸引了大批游客前来观赏。无论任何时候，当地居民和来访的游客都喜欢漫步在滨海路沿线。

4. 马耳他蓝色窗口

马耳他蓝色窗口（图3-40）与中国桂林象鼻山类似，是猛烈的海浪千百年来冲刷石灰岩形成的海蚀拱桥。其两边有直径约100米的天然石墩，支撑着一个石盖，形成一个高约100米、宽约20米的“窗子”，从中可以看到对面蓝色的波涛，因而得名“蓝窗”。2012年，支撑“蓝窗”石盖的一大块岩石脱落，导致“窗体”部分的面积增大，同时也引起了民众对“蓝窗”是否会很快消失的担忧。

图3-37 野柳海蚀柱地貌

图3-38 十二使徒岩

图3-39 黎巴嫩the Rock of Raouché

图3-40 马耳他蓝色窗口

高山冰魂——世界冰川地貌

冰川覆盖了地球陆地面积的11%，极不均衡地分布在世界各大洲中。其中，96.6%的冰川是大陆冰川，位于南极洲和格陵兰（图3-41）。面积超过1 400万平方千米的南极洲，差不多被一个平均接近1 980米厚的冰川覆盖着，占世界冰川总体积的99%，其东部冰层厚度可达4 267米。格陵兰约有83%的面积为冰川覆盖，超过 180万平方千米，实测最大厚度约3 350米。其他地区的冰川只能发育在高山上，所以称为山岳冰川，广泛分布于喜马拉雅山脉、洛矶山脉、安第斯山脉、阿尔卑斯山脉等大型山系中。山岳冰川面积居世界前三位的国家依次是加拿大、美国和中国。在中低纬度带（包括赤道带、热带和温带，大体位于北纬60°至南纬60°之间），66%的冰川分布在亚洲，中国独占30%，是世界上中低纬度带冰川数量最多、规模最大的国家。

一、著名冰川

在世界各地的冰川中，冰岛瓦特纳冰川、瑞士阿莱奇冰川、阿根廷贝利托莫雷诺冰川等最为著名，以其磅礴的气势吸引着世界各地众多的旅游者。

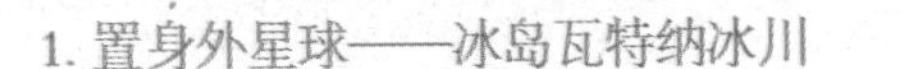

图3-41 南极洲和格陵兰大陆冰川

1. 置身外星球——冰岛瓦特纳冰川

瓦特纳冰川（图3-42）位于冰岛东南部的霍思城附近，面积达8 300平方千米，不仅是冰岛的第一大冰川，还是欧洲最大的冰川，世界排名第三，仅次于南极冰川和格陵兰冰川。冰岛瓦特纳冰川，是电影《星际穿越》中那座被巨浪统治的外星星球取景地。

2. 最长的冰川——瑞士阿莱奇冰川

阿尔卑斯山有冰川1 200多条，总面积达3 600平方千米，平均厚度为30米。冰川融水形成了许多大河的源头，莱茵河即发源于此。山麓还分布着冰碛湖，较大的有日内瓦湖、苏黎世湖等，其中日内瓦湖最大。瑞士阿莱奇冰川（图3-43）位于瑞士中南部的伯尔尼兹山，是阿尔卑斯山脉上最大和最长的冰川。22.5千米长、900米深的冰川，重量约为270亿吨，看起来就像一条结冰的高速公路，横穿山脉。

图3-42 冰岛瓦特纳冰川

图3-43 阿莱奇冰川地貌

3. 最壮美的冰川——阿根廷贝利托莫雷诺冰川

位于安第斯山脉的阿根廷贝利托莫雷诺冰川（图3-44），是世界上最著名、最壮美的冰川之一，也是阿根廷最引人入胜的自然景观，是世界上少数活冰川之一。夏季常可以看到“冰崩”奇观：一块块巨大的冰块落入阿根廷湖，一声声震耳欲聋的响声让人屏息凝注，但很快一切又都归于平静。莫雷诺冰川有20层楼之高，绵延30千米，有20万年历史，在冰川界尚属“年轻”一族。它像一堵巨大的“冰墙”，每天都在以30厘米的速度向前推进，身临其境，似乎能感受到冰川时代的气息。

二、角峰

角峰是冰川地貌最为典型的地貌类型，喜马拉雅山的珠穆朗玛峰和阿尔卑斯山的勃朗峰是最为典型的角峰地貌。

1. 珠穆朗玛峰

珠穆朗玛峰（图3-45），简称珠峰，是喜马拉雅山脉的主峰，高度8 848.86

图3-44 莫雷诺冰川

图3-45 珠穆朗玛峰

米，为世界第一高峰，峰顶位于中国与尼泊尔的边界。珠峰威武雄壮、昂首天外，地形极端险峻，环境非常复杂。其山峰形似巨型金字塔，是极为典型的角峰地貌。东北山脊、东南山脊和西山山脊中间夹着三大陡壁（北壁、东壁和西南壁），系冰川侵蚀而成。在这些山脊和峭壁之间又分布着548条大陆型冰川，总面积达1 457.07平方千米，平均厚度达7 260米。

2. 勃朗峰

勃朗峰（图3–46），意为白色之山，是阿尔卑斯山的最高峰，位于法国的上萨瓦省和意大利的瓦莱达奥斯塔的交界处。勃朗峰的最新海拔为4 810.90米，也是西欧的最高峰。这里冬季积雪，夏不融化，白雪皑皑，冰川发育，约有200平方千米为冰川覆盖。顺坡下滑，西北坡法国一侧有著名的梅德冰川，东南坡意大利一侧有米阿杰和布伦瓦等大冰川。勃朗峰设有空中缆车和冬季体育设施，为登山运动胜地；山峰雄伟，风光旖旎，为阿尔卑斯山最大旅游中心。

图3–46　勃朗峰

三、冰川峡谷

冰川峡谷是冰川强烈侵蚀的结果，挪威峡湾是世界最为知名的冰川峡谷地貌景观。

1. 挪威峡湾

峡湾是挪威最有代表性的景观，地质专家将挪威称为“峡湾国家”，只有在欣赏了挪威西海岸连绵不绝的曲折峡湾和由无数冰河遗迹构筑的峡湾风光之后，才能感受到这个神奇国度最动人心魄的魅力。

在挪威的峡湾中，名声最大且最具特色的莫过于松恩峡湾、盖朗厄尔峡湾、哈当厄尔峡湾、吕瑟峡湾，并称挪威“四大峡湾”。

松恩峡湾位于挪威西部松恩—菲尤拉讷郡境内，全长240千米，最深处达1 308米。它是挪威最大的峡湾，也是世界上最长、最深的峡湾。两岸山高谷深，两侧峰顶海拔1 500米。松恩峡湾内有许多分支，其中的一个分支纳柔依峡湾在2005年与盖朗厄尔峡湾一起被联合国教科文组织列为世界遗产。

盖朗厄尔峡湾（图3–47）位于挪威西南岸的卑尔根北部，是挪威峡湾中最为美丽神秘的一处。峡湾全长16千米，两岸耸立着海拔1 500 米以上的群山。盖朗厄尔峡湾以瀑布众多而著称，有许多瀑布沿着陡峭的岩壁泻入该峡湾。

哈当厄尔峡湾位于挪威西部中心地区的霍达兰郡，全长179千米，是挪威国内第二长的峡湾，世界第三长的峡湾，最深处达800米，是四大峡湾中最平缓、最具田园风光的一个。

图3-47 挪威盖朗厄尔峡湾

吕瑟峡湾位于挪威南部，全长42千米，其中，海拔600米的断崖布雷凯斯特伦是最负盛名的景点（图3-48）。

2. 长白山U形谷

长白山U形谷（图3-49）是世界上最著名的冰川峡谷之一，宽度达300米，切割深度为100~200米，谷底较平坦，是世界著名的U形谷，因受到第四纪冰川侵蚀而形成。

图3-48 挪威吕瑟峡湾与布雷凯斯特断崖

图3-49 长白山U形谷

——地学知识窗——

峡湾成因

峡湾是挪威的代表性地貌，实为冰川峡谷，经冰川侵蚀而成。冰川峡谷一般为U形谷，部分为V形谷，谷底一般较宽，两翼崖壁陡立，海面上升后槽谷底部没入海面以下，从而形成了崖壁平直陡峭、谷底宽、深度大的峡湾。

干旱地区的风景——世界风成地貌

风成地貌主要分布在干旱荒漠地带，世界上干旱荒漠的面积约占全球陆地总面积的1/4。风成地貌主要分布在两个地区：一是南、北纬15° ~35° 之间的副热带高压带及信风控制的亚热带，如北非的撒哈拉、西南亚的阿拉伯半岛、澳大利亚大陆西部的大沙漠、南美的阿塔卡马等地；二是温带的内陆地区，如俄罗斯的中亚、我国的西北和美国西部等地，它们深居内陆，远距海洋，而且多半地形闭塞，四周高山阻止了湿润海洋气流的伸入，使得这里终年处于极其干燥的气候下，成为了温带内陆干旱区。风成地貌的景观以沙漠等风积地貌，风蚀蘑菇、风蚀雅丹等风蚀地貌为主。

一、沙漠

全球陆地面积有1/10是沙漠，主要分布在北非、西南亚、中亚和澳大利亚等地区。世界上著名的大沙漠有撒哈拉沙漠、阿拉伯沙漠、利比亚沙漠、澳大利亚沙漠、巴塔哥尼亚沙漠、印度及巴基斯坦的塔尔沙漠、俄罗斯中亚的卡拉库姆和克齐尔库姆沙漠等等。

1. 撒哈拉沙漠

撒哈拉沙漠（图3-50）是世界上最大的沙漠。阿拉伯语中撒哈拉意即“大荒漠”。它位于非洲大陆北部的阿特拉斯山脉和地中海以南，约北纬14° 线以北，西起大西洋海岸，东到红海之滨。它横贯非洲大陆北部，东西长达5 600千米，南北宽约1 600千米，面积约860万平方千米，约占非洲总面积的32%。撒哈拉地区地广

图3-50　撒哈拉沙漠

人稀，平均每平方千米不足1人。撒哈拉沙漠干旱的地貌类型多种多样，由石漠（岩漠）、砾漠和沙漠组成。撒哈拉沙漠风沙盛行，沙暴频繁，尤其春季是沙暴的高发季节。

2. 阿拉伯沙漠

阿拉伯沙漠（图3-51）位于阿拉伯半岛，面积达233万平方千米，为世界第二大沙漠。它位于埃及东部，尼罗河谷地、苏伊士运河、红海之间，又称东部沙漠。其中部有马阿扎高原，东侧有沙伊卜巴纳特山、锡巴伊山、乌姆纳卡特山等孤山，南部与苏丹的努比亚沙漠相连。阿拉伯沙漠大部分为海拔300~1 000米的砾漠以及裸露的岩丘。阿拉伯沙漠的沙盖以具有不同尺寸和复杂形态的沙丘形式出现，或在低地表面形成薄薄一层地膜。除了极少数例外，沙子并不汇聚成平面，而是形成沙丘山岭或巨大的复合体。阿拉伯沙漠沙丘样式和尺寸的种类不计其数。

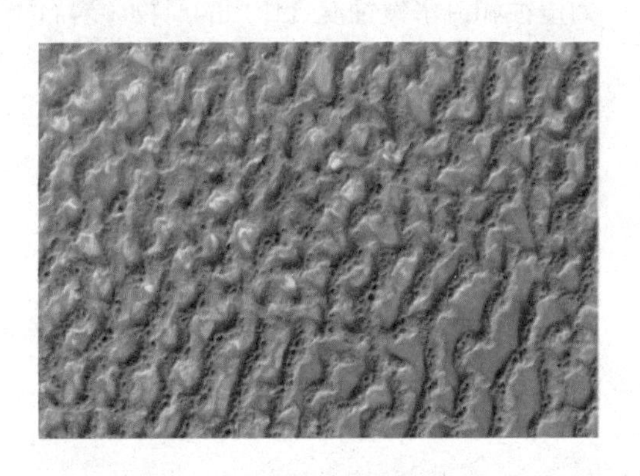

图3-51 阿拉伯沙漠中的沙丘遥感照片

3. 红色的沙漠——澳大利亚辛普森沙漠

澳大利亚的西南部拥有面积约155万平方千米的沙漠。这里雨水稀少，干旱异常，夏季的最高温度可达50℃。因为没有高大树木的阻挡，狂风终日从这片沙漠上空咆哮而过。澳大利亚辛普森沙漠（图3-52）因其鲜艳的红色闻名于世。这里

图3-52 辛普森红色沙漠

由于铁质物质的长期风化，沙石裹上了一层氧化铁的外衣，于是，一望无垠的沙漠便呈现为一片红色，在阳光照耀下显得壮丽异常。

二、风蚀地貌

1. 沙漠芦笋——阿哈加尔风蚀地貌

位于撒哈拉沙漠地中心的阿哈加尔山脉也称霍加尔山脉，位于阿尔及利亚的阿尔及尔市以南约1 500千米处。该山脉从一个约2 000米高的高原上隆起，在塔哈特山外升至海拔 3 003米。阿哈加尔虽然被称作“山脉”，其实是一座花岗岩高原。在山脉中心，地下喷出的岩浆在花岗岩上堆积了180米厚的玄武岩。在3 000米高的地方，则有由另一种火山岩——响岩构成的岩塔和岩柱，景象蔚为壮观。岩浆在冷却后形成长棱柱形，经风蚀后，犹如一束束伫立着的巨大芦笋。在方圆近800平方千米的范围内，这样的石柱有300多根，堪称奇景（图3-53）。

2. 澳大利亚波浪岩

波浪岩（图3-54）位于西澳大利亚州海顿城东部，因形似一片席卷而来的波涛巨浪而得名。露出地面的部分占地几公顷，“浪潮”的部分岩石高约15米，长约110米，是西澳大利亚州的著名地标，也是最吸引游客的旅游胜地之一，每年约有14万名国内外游客慕名而来。波浪岩是风力侵蚀和流水侵蚀混合作用的产物。岩石在裹挟着沙粒和尘土的风的吹蚀作用下，形成了上凸下凹的地貌形态。雨水对岩面的冲刷，则留下一条条红褐色、黑色、黄色和灰色的条纹，黑色在早晨的阳光下显得特别亮。这些深浅不同的线条使波浪岩看起来更加生动，就像滚滚而来的海浪。

图3-53　撒哈拉沙漠阿哈加尔山脉风蚀地貌

图3-54　澳大利亚波浪岩

Part 4

锦绣中华——中国特色地貌

中国地大物博、山川众多，独特的地理位置和地质构造造就了我国极为丰富的地貌类型。在我国众多的地貌类型中，丹霞地貌、张家界地貌、嶂石岩地貌、雅丹地貌、黄土地貌等具有各自独特的造型，或粗犷雄伟，或秀丽袅娜，似人似物，让人遐思，构成了众多闻名中外的旅游景点，是我国最具特色、最负盛名的地貌类型。

中国地貌概览

中国位于亚洲东部、太平洋西岸，陆地国土面积为960万平方千米，约占世界陆地总面积的1/15，仅次于俄罗斯（1 707.5万平方千米）和加拿大（997.1万平方千米），居世界第三位。渤海全域和黄海、东海、南海的大部分及其可以管辖的专属经济区，共约470万平方千米，其中，南中国海九段线以内的所有海域面积约为300万平方千米。大陆海岸线长18 400多千米，岛屿岸线长14 000多千米，海域分布有大小岛屿7 600个，其中台湾岛最大，约为35 989.76平方千米（图4-1）。

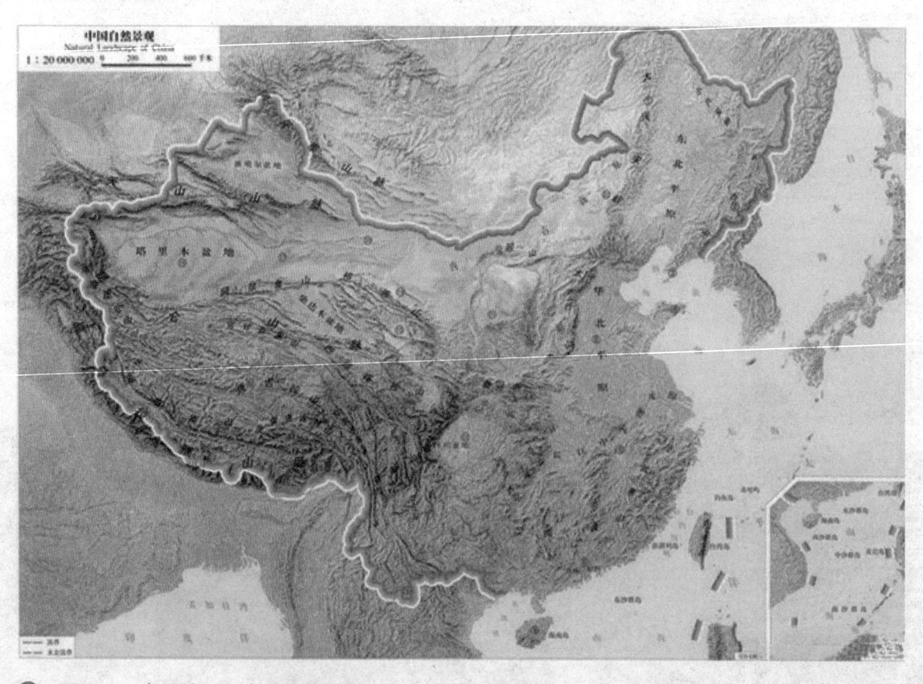

图4-1　中国地形及大型地貌分布

一、总体地势

我国地势西高东低，自西向东逐级下降，由两条山岭带组成的地形界线明显地把大陆地形分成为三级阶梯，成为我国地貌总轮廓的显著特征。

青藏高原平均海拔在4 000米以上，面积达230万平方千米，是世界上最大的高原之一，也是中国地形上最高一级的阶梯。它雄踞西南，在高原上横卧着一列列雪峰连绵的巨大山脉，自北而南有昆仑山脉、阿尔金山脉、祁连山脉、唐古拉山脉、喀喇昆仑山脉、冈底斯山脉和喜马拉雅山脉。在高原的山岭间则镶嵌有许多牧草丰美、湖光潋滟的大小盆地。

越过青藏高原北缘的昆仑山—祁连山和东缘的岷山—邛崃山—横断山一线，地势迅速下降到海拔1 000～2 000米，局部地区在500米以下，这便是第二级阶梯。它的东缘大致以大兴安岭至太行山脉，经巫山向南至武陵山、雪峰山一线为界。这里分布着一系列海拔在1 500米以上的高山、高原和盆地，自北而南有阿尔泰山脉、天山山脉、秦岭山脉，内蒙古高原、黄土高原、云贵高原，准噶尔盆地、塔里木盆地、柴达木盆地和四川盆地等。

翻过大兴安岭至雪峰山一线，向东直到海岸，这里是一片海拔500米以下的丘陵和平原，它们可作为第三级阶梯。在这一阶梯里，自北而南分布有东北平原、华北平原和长江中下游平原；长江以南还有一片广阔的低山丘陵，一般统称为东南丘陵。前者海拔都在200米以下，后者海拔大多在200～500米之间，只有少数山岭可以达到或超过千米。

从海岸线向东，则是一望无际的碧波万顷、岛屿星罗棋布、水深大都不足 200米的浅海大陆架区，也有人把它当作中国地形的第四级阶梯。

中国这种西高东低、面向大洋逐级下降的地形特点，有利于来自东南方向的暖湿海洋气流深入内地，对中国的气候产生深刻而良好的影响，使中国东部平原、丘陵地区能得到充分的降水，尤其是集中降水期和高温期相一致，为中国农业生产的发展提供了优越的水、热条件；使大陆上的主要河流都向东奔流入海，既易于沟通中国的海陆交通，也便于中国东西地区之间经济贸易的交流；这种阶梯状的地形还在一定程度上影响到河流，使之形成较大的多级落差，从而蕴藏着有利于多级开发的异常巨大的水力资源。

二、基本地貌形态

中国的山地丘陵约占全国土地总面积的 43%，高原占26%，盆地占19%，平原占12%。如果把高山、中山、低山、丘陵和崎岖不平的高原都包括在内，那么，中国山区的面积要占全国土地总面积的2/3以上。中国山地面积广大，大小山脉纵横全国，分布规则有序，按一定方向排列，大致以东西走向和东北—西南走向的为最多，西北—东南走向和南北走向的较少。东西走向的山脉主要有三列：最北的一列是天山—阴山，中间的一列是昆仑山—秦岭，最南的一列就是南岭。东北—西南走向的山脉多分布在东部，山势较低，这种走向的山脉主要有三列：最西的一列是大兴安岭—太行山—巫山—武陵山—雪峰山，即前面提到的第二和第三级阶梯的分界线；中间的一列包括长白山、辽东丘陵、山东丘陵和浙闽一带的东南丘陵山地；最东的一列则是崛起于海上的台湾山脉。西北—东南走向的山脉多分布于西部，由北而南依次为阿尔泰山、祁连山和喜马拉雅山。南北走向的山脉纵贯中国中部，主要包括贺兰山、六盘山和横断山脉。这些山脉构成了中国地形的骨架，把中国大地分隔成许多网格。在这些山地网格骨架中，有青藏、云贵、内蒙古和黄土高原四大高原，塔里木、准噶尔、柴达木和四川盆地四大盆地，东北平原、华北平原、长江中下游平原三大平原，辽东丘陵、山东丘陵、东南丘陵三大丘陵镶嵌其中（图4–2）。

三、丰富的地貌类型

中国的地貌类型，无论是从成因还是从形态来看，都是多种多样、丰富多彩的。

在温暖湿润的东部和南部，有各种各样以流水作用为主的侵蚀和堆积地貌；在干旱的西北，有以风力作用为主的沙漠景观；在西部高山上，有别具风格的冰川地貌；在西南部石灰岩分布地区，则有景色迷人的喀斯特地貌……

我国西部地势高耸，并有多条高逾雪线以上的极高山脉。现代冰川北起阿尔泰山，南至喜马拉雅山和滇北的玉龙山，东自川西松潘的雪宝顶，西到帕米尔之间的山巅，广为分布，总面积达58 523平方千米，使我国成为全球中低纬度现代冰川最发达的国家。各种冰蚀冰缘地貌分布也很普遍。

我国是世界上沙漠、戈壁面积较大的国家之一。我国的沙漠、戈壁主要分布在西部和北部，包括西北和内蒙古的干旱和半干旱地区，总面积达128万平方千米，约占全国面积的13%。贺兰山乌鞘岭以西，沙漠面积最大，也最集中，塔克拉玛

干沙漠、古尔班通古特沙漠、巴丹吉林沙漠、腾格里沙漠是我国四大沙漠，都分布在这一地区。在大沙漠的边缘和外围，有带状或环状的戈壁分布。

在沙漠的南缘，大致西起昆仑山，东到长白山，北起长城，南到秦岭、淮阳山地，呈东西向带状分布着大片黄土和黄土状沉积物，总面积约60万平方千米，其中以甘肃中部和东部、陕西北部及山西最为集中，形成世界上最大的黄土高原，面积约39万平方千米。荒漠中的风化物是黄土物质的直接来源，在黄土集中分布的地区，黄土覆盖厚度为100~200米，形成独特的黄土塬、梁、峁地貌。由于黄土质地疏松，抗蚀能力差，水土流失严重，地面常被沟壑分割显得特别破碎，河流的含沙量极大。

我国碳酸盐类岩石分布很广，面积约130万平方千米，大约占全国总面积的1/7，尤以广西、贵州和云南东部地区分布最广，岩层发育完整，碳酸盐岩石的分布面积占这些地区总面积的50%以上。由

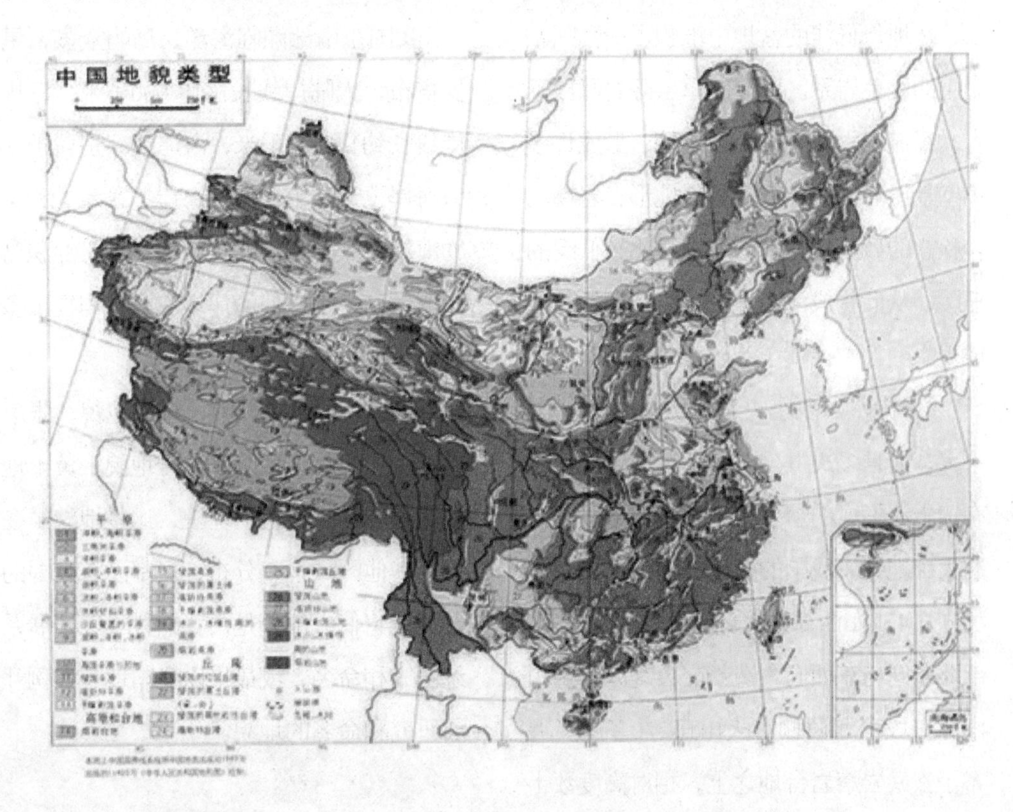

图4-2　中国地貌类型图

于层厚质纯的石灰岩分布广泛，经构造运动抬升到较高的位置，并产生许多断层、裂隙和节理，在低纬湿热气候条件下，雨水、地表水和地下水沿着灰岩裂隙不断地进行溶蚀，形成山奇水秀的岩溶地貌。秀丽如画的峰林，深邃曲折的溶洞，时隐时现的暗河和天生桥随处可见。喀斯特地貌分布之广、类型之多，为世界其他国家所不及，堪称喀斯特地貌完美典型的自然博物馆，也为山水甲天下的著名旅游胜地。

江南一带，自白垩纪以来，气候暖热，在地势低洼的盆地中堆积了一套陆相为主的红色岩系。坚硬的厚层砾岩和砂砾岩，经流水沿断裂和节理侵蚀，形成许多峭壁悬崖、山峰林立的丹霞地形；岩性比较松软的砂页岩，则形成地势比较低缓的丘陵，从而构成江南地区独具特色的红层地貌。

我国有600多座火山，火山锥一般都不大，而且多成群分布。各火山锥附近常有熔岩流形成的熔岩台地分布，形成独特的火山地貌。我国的火山群除昆仑山西段和中段4处在西部外，其他主要分布在东部北东向与东西向构造带交会地区。阴山山脉东段南北两侧有火山丘270多座，展布于玄武岩熔岩台地之上，相对高度数十米以至百米，是我国最大的火山群。长白山火山群有火山丘100多座，广布于1 400平方千米的长白山玄武岩熔岩台地上，为我国第二大火山群。东北区第一高峰白云峰是一座活火山，曾于1597年、1668年和1702年三度喷发，山顶的天池即昔日的火山口。此外，在台湾省、海南岛北部及雷州半岛、长江下游南京附近的长江南北两岸、云南西部横断山脉南段西缘的腾冲附近，均有火山丘或玄武岩熔岩台地等火山地貌分布。

我国东南部濒临海洋，岛屿众多，星罗棋布，大陆岸线长达18 000千米，岛屿岸线长约140 00千米，海岸线分别属于平原海岸（沙岸）、山地海岸（岩岸）和生物海岸三大类，岛屿也有基岩岛、冲积岛和珊瑚岛之别，使海岸地貌和岛屿复杂多样。

在这些地貌类型中，丹霞地貌、张家界地貌、嶂石岩地貌、雅丹地貌、黄土地貌是我国最具特色的地貌，这些地貌虽在世界其他区域也有分布，但都没有我国的典型。它们大部分是由我国科学家开展系统研究和命名，或最早以我国地貌实例开展研究和命名的地貌。

“色如渥丹，灿若明霞”——丹霞地貌

丹霞地貌发育于侏罗纪到第三纪沉积的富含红色氧化铁的陆相红色岩系中，是在我国地质史上最后一次造山运动中整体抬升，经风化、流水等剥蚀、切割形成，以方山、石墙、石柱为主要造型的赤壁丹崖丘陵景观。

一、地貌特征

“丹霞”一词源自曹王的《芙蓉池作诗》中的“丹霞夹明月，华星出石间”，指天上的彩霞。丹霞地貌是一个由陡峭的悬崖、红色的岩石、密集深切的峡谷、壮观的瀑布及碧绿的河溪构成的景观系统，天然森林广泛覆盖，典型景观可以用丹山、碧水、绿树、白云几个词概括。

二、发现及命名

1928年，冯景兰在我国粤北仁化县发现了分布广泛的红色沙砾岩层。在丹霞山地区，厚300~500米的岩层被流水、风力等风化剥蚀，形成了堡垒状的山峰和峰丛，千姿百态的奇石、石桥和石洞。冯景兰意识到这是一种独特的地貌，并把形成丹霞地貌的发育的地层命名为丹霞层，也称“红层”。“红层”是指在中生代侏罗纪至新生代第三纪沉积形成的红色岩系，一般称为“红色沙砾岩”。1938年，构造地质学家陈国达把这种红色岩层上发育的地貌称为“丹霞地形”，并把这种地形作为判断丹霞地层的标志。1977年，地貌学家曾昭璇第一次把“丹霞地貌”作为地貌学术语来使用。2009年，《中国国家地理》杂志社与中国地理学会共同发起了“中国地理百年大发现”的评选活动，丹霞地貌的发现就名列其中。

三、分布区域

世界上的丹霞地貌（图4-3）主要分布在中国、美国西部、中欧和澳大利亚等地，以我国分布最广，我国又以丹霞山面积最大、发育最典型、类型最齐全、形态最丰富、风景最优美，中国也是丹霞地貌的命名地和研究最为深入的地区。

中国的丹霞地貌广泛分布在热带、亚热带湿润区、温带湿润—半湿润区、半

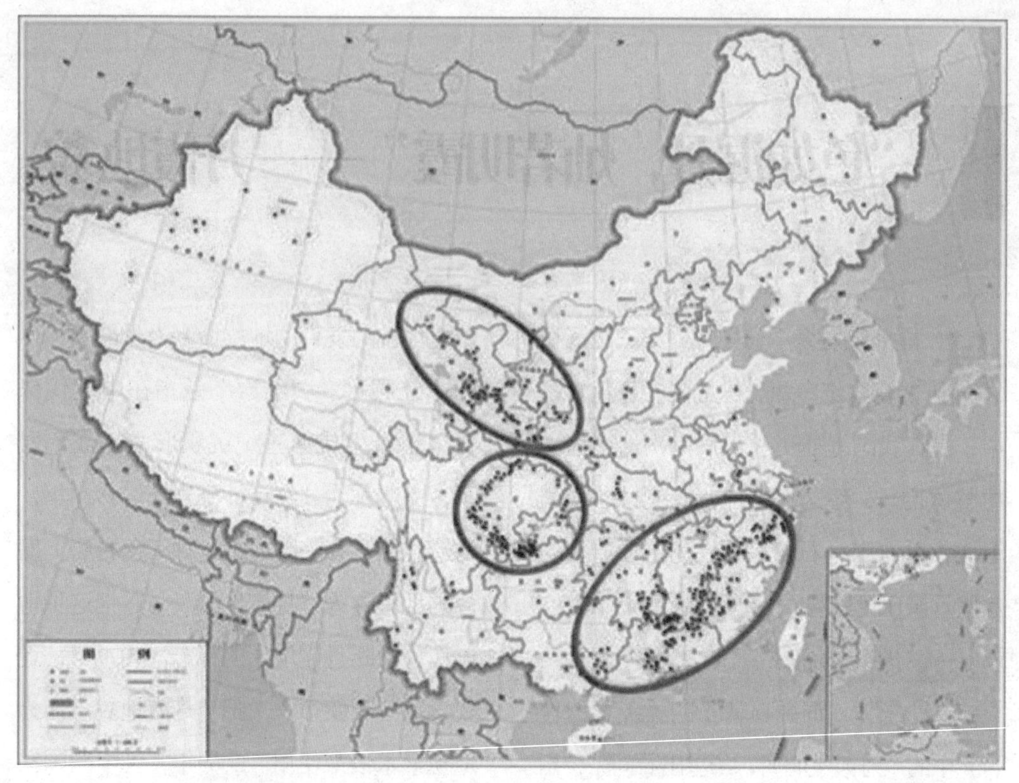

图4-3　我国丹霞地貌分布

干旱—干旱区和青藏高原高寒区。到2008年1月31日为止，中国已发现丹霞地貌790处，分布在26个省区。福建泰宁、武夷山、连城、永安，甘肃张掖，湖南怀化通道侗族自治县东北部万佛山、邵阳新宁县良山（位于湖南省西南部，青、壮、晚年期丹霞地貌均有发育），云南丽江老君山，贵州赤水（约有1 300平方千米），江西龙虎山、鹰潭、上饶、瑞金、宁都，青海坎布拉，广东仁化丹霞山、坪石镇金鸡岭、南雄市苍石寨、平远县南台石和五指石，浙江永康、新昌，广西桂平的白石山、容县的都娇山，四川江油的窦围山、成都都江堰市的青城山，重庆綦江的老瀛山，陕西凤县的赤龙山，以及河北承德等地，分布着中国丹霞地貌的典型分布区。2010年8月5日，湖南崀山、广东丹霞山、福建泰宁、江西龙虎山、贵州赤水、浙江江郎山因"色如渥丹，灿若明霞" 而命名的丹霞地貌，被联合国世界遗产委员会一致同意列入《世界遗产名录》。

四、典型代表

1. 广东丹霞山

广东韶关丹霞山（图4-4）位于湘、赣、粤三省交界处的仁化县境内，距广东省韶关市45千米。是国家级重点风景名胜区，国家地质地貌自然保护区，被誉为“中国红石公园”。在此设立的丹霞山世界地质公园，总面积319平方千米，2004年经联合国教科文组织批准为中国首批世界地质公园之一。方圆280平方千米的红色山群“色如渥丹，灿若明霞”，故称丹霞山。丹霞山是“丹霞地貌”命名地，地层、构造、地貌、发育和环境演化等方面的研究在世界丹霞地貌区中最为详尽和深入。我国著名地理学家曾昭璇在比较了国内外的丹霞地貌之后，认为丹霞山“无论在规模上、景色上”，皆为“中国第一”“世界第一”。丹霞山的“阳元石”“阴元石”“群象出山”等景点惟妙惟肖，独具特色。

2. 福建武夷山

武夷山（图4-5）位于闽北武夷山市西侧及西南面一带，距武夷山市城南15千米。武夷山丹霞地貌区是由红色砂岩和沙砾岩组成的低山丘陵，大致呈东北—西南走向，南北长18.5千米，东西宽1~5千米，面积61.33平方千米。其中，典型丹霞地貌面积54.44平方千米，占88.76%；红层丘陵2.77平方千米，占4.52%；老年期丹霞地貌及红岩为基座的河流阶地4.12平方千米，占6.72%。主峰三仰峰海拔729.2米，气势突兀，是武夷山的旅游标志。

武夷山丹霞地貌区四面溪谷环绕，不与外山相连，自成一处胜地，以其“奇秀甲东南”的丹山碧水著称于世。“三三秀

图4-4 广东韶关丹霞山

图4-5 福建武夷山

水清如玉，六六奇峰翠插天”，构成了奇幻百出的武夷山水之胜，人们赞之兼有黄山之奇、桂林之秀、泰岱之雄、华岳之险、西湖之美。区内丹霞地貌在流水、崩塌及风化等外力作用下，形成许多丹崖赤壁、长条状山地和谷地，造就了许多奇险秀美的风景；温润的气候与优良的生态环境，又令峰顶葱茏。翠绿与绛红，丹山与碧水，组成了罕见的自然山水景观，其中以九曲溪、一线天、章堂涧、九龙窠等地为最。

3. 江西龙虎山

龙虎山（图4-6），位于江西省鹰潭市西南20千米处贵溪市境内。东汉中叶，正一道创始人张道陵曾在此炼丹，传说“丹成而龙虎现”，山因此得名。龙虎山是典型的丹霞地貌，自然景观主要沿泸溪河两岸展开，“丹峰环碧水，密林藏怪石，苍山挂飞瀑，候鸟映湖光”的景色吸引了大批游客。景区内有天工造化的龙虎山，有惟妙惟肖的象鼻山，有美艳绝伦的僧尼峰，还有天下绝景——思源壁等景点。由红色沙砾岩构成的龙虎山有99峰、24岩、108处自然及人文景观，奇峰秀美，千姿百态。有的像雄狮回头，有的似文豪沉思，有的如巨象汲水，还有被当地人俗称为“十不得”的景致。

4. 甘肃张掖

张掖丹霞地貌（图4-7）位于甘肃省河西走廊中段的张掖市。古为河西四郡之一的张掖郡，取“断匈奴之臂，张中国之掖（腋）”之意。张掖丹霞地貌分布在方圆100平方千米的山地丘陵地带，造型奇特、气势磅礴。甘肃张掖丹霞地貌以色彩缤纷、纹理斑驳而闻名，是干旱区丹霞地貌的典型代表，特别是窗棂式、宫殿式丹霞地貌是丹霞地貌中的精品。

图4-6　江西鹰潭龙虎山

图4-7　绚丽多彩的甘肃张掖丹霞地貌

潘多拉星球——张家界地貌

2010年1月25日，张家界南天一柱被正式更名为“阿凡达”哈利路亚山。据了解，电影《阿凡达》中“潘多拉星球”的大量原型来源于张家界群山，其中“南天一柱”就成为“哈利路亚山”即悬浮山的原型。张家界地貌之所以被选为“潘多拉星球”的原型，主要在于其奇特的峰林造型。

张家界地貌是砂岩地貌的一种独特类型，它是在中国华南板块大地构造背景和亚热带湿润区内，由产状近水平的中、上泥盆纪石英砂岩为成景母岩，受流水剥蚀、重力崩塌、风化外力作用形成，以棱角平直的高大石柱林为主，以及深切嶂谷、石墙、天生桥、方山、平台等造型地貌为代表的地貌类型。

一、地貌特征

张家界地貌以石英砂岩峰林景观为特色，标新立异，独树一帜，具有极高的旅游观光价值和科研价值。张家界地貌发育过程完整，台地→方山→石墙→石柱→峡谷演化过程清晰，发育时间因素可测性强，在砂岩地貌景观中具有系统性、完整性、自然性、稀有性和典型性等自然属性。

二、发现及命名

2010年11月9日至11日，张家界砂岩地貌国际学术研讨会暨中国地质学会旅游地学与地质公园研究分会第25届年会在张家界举行。与会专家将张家界特征鲜明、规模巨大的独特砂岩地貌类型确定为张家界地貌，凡在世界任何国家和地区发现类似张家界石英砂岩峰林的地貌都可统称张家界地貌。自此，张家界地貌获得国际学术界认定。

三、区域分布及典型代表

张家界地貌（图4-8）在中国乃至全世界都十分罕见，其形成条件也非常苛刻，主要分布于我国湖南张家界地区。我国张家界地貌于1992年被联合国教科文组织列入“世界自然遗产名录”，2004年被列为首批世界地质公园之一。在张家界世界地质公园区中心部位86平方千米范围内，集中分布了3 100多座大小不一、形态各异的峰柱。峰柱高几十米至400米，其柱体的密集度、造型的奇异度、各种砂岩地貌景观的组合有序度、岩石植被和气象因素的色彩鲜明对比度、峡谷与溪流组合的和谐度、地形高低错落相配及各种象形山石景观引人入胜的联想度，都达到了令人赏心、悦目、畅神的审美境界。

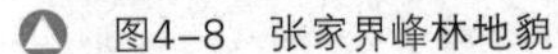
图4-8　张家界峰林地貌

“层峦叠嶂，万丈红绫”——嶂石岩地貌

嶂石岩地貌是在易于风化的薄层砂岩、页岩及红色石英砂岩组成的岩层基础上，由构造作用、流水作用和重力作用形成，以绵延数千米的红色岩墙、峭壁、三叠崖壁等形态为特色的地貌类型。

一、地貌特征

嶂石岩景观（图4-9）主要为“丹崖、碧岭、奇峰、幽谷”。其丹崖长墙，横贯天际；万丈红崚，绿栈镶嵌；“Ω”形嶂谷，连环成套；回音弧壁，天工巧成；塔柱石峰，棱角鲜明；垂直岩缝，形如刀切。远远望去，赤壁丹崖，如屏如画，甚为壮美。

图4-9　嶂石岩地貌“三叠岩壁”

二、发现及命名

1972年，河北省科学院地理研究所的郭康教授在嶂石岩村首先发现并研究了这种气势壮阔的红崖长墙砂岩地貌，并根据其发现地将其命名为嶂石岩地貌。

三、中国嶂石岩地貌的分布

嶂石岩地貌主要分布在河北、河南、山西三省交界的太行山区，如河北的井陉、邢台，山西的昔阳、和顺、左权、陵川，河南的林州、辉县、焦作等县市。河北井陉的苍岩山、河北赞皇的嶂石岩、河南焦作的云台山、河南林州的红旗渠、河南新乡的郭亮村等著名风景区的地貌类型都属嶂石岩地貌。

四、典型代表

1. 河北赞皇县嶂石岩

该景区位于河北省中南部赞皇县的太行山深山区。区域地质构造上处于赞皇背斜隆起的西翼。地貌上为山高谷深的中山地貌，地势由西南向东北降低，最高峰黄庵垴海拔1 774米，淮泉为槐河的发源地。槐河西侧山脉主脊东坡，为“嶂石岩地貌”的典型地段，形成了近南北向连绵延伸、比高500~700米的三级大断崖，构成了园区“三栈牵九套、四屏藏八景”的景观格局（图4-10）。

2. 焦作云台山

云台山位于河南省焦作市修武县境

图4-10　嶂石岩地貌“三栈牵九套、四屏藏八景”

内，景区面积240平方千米，含百家岩、红石峡（图4-11）、子房湖、泉瀑峡、潭瀑峡、猕猴谷、叠彩洞、茱萸峰、万善寺、峰林峡、青龙峡等主要景点。山区地形复杂，气候随海拔与山势山形变化各异、差异明显。主峰茱萸峰海拔1 304米。登上茱萸峰顶，北望太行深处，群山层峦叠嶂；南望怀川平原，沃野千里，黄河如带。云台山有落差314米的云台天瀑，坐落在景区泉瀑峡的尽端，是中国发现的落差最大的瀑布之一。景区内群峡间列、峰谷交错、悬崖长墙、崖台梯叠，属于典型的“嶂石岩地貌”景观。其中，位于子房湖南的红石峡谷，崖壁通体呈赤红色，是云台山的核心景点之一。

3. 新乡郭亮村

郭亮村隶属于河南省新乡市辉县沙窑乡，位于辉县市西北60千米的太行深处沙窑乡，与晋城陵川县古郊乡昆山村交界，海拔1 700米。郭亮村依山势坐落在千仞壁立的山崖上，地势险绝，景色优美，以奇绝水景和绝壁峡谷的“挂壁公路”闻名于世，又被誉为“太行明珠”（图4-12）。

图4-11　云台山红石峡

图4-12　河南新乡郭亮村嶂石岩地貌

魔鬼城——雅丹地貌

在中国内陆荒漠里，有一种奇特的地理景观，被称为雅丹地貌。雅丹地貌是一种典型的风蚀地貌。“雅丹”在维吾尔语中的意思是“具有陡壁的小山包”，汉语译为雅丹。现泛指干燥地区一种风蚀地貌，河湖相土状沉积物所形成的地面，经风化作用、间歇性流水冲刷和风蚀作用，形成与盛行风向平行、相间排列的风蚀土墩和风蚀凹地（沟槽）地貌组合。

一、地貌特征

雅丹是著名的造型地貌，形态各异、似人似物，有的酷似古城堡、庙宇、帝王坟、千军帐，有的像人，有的像动物。千姿百态的雅丹，具有极高的观赏性，是荒漠中极富吸引力的一种特殊景观。

二、发现及命名

20世纪初，中外学者进行罗布泊联合考察时，在罗布泊西北部的古楼兰附近发现了这种奇特的地貌，并根据维吾尔族人对此的称呼来命名，再译回中文就成了“雅丹”。雅丹地貌分为两种大类型，并分别予以命名：一种高不过1米，形成年代较浅的，称为“雅丹”；另一种高10~30米的，年代古老，称为mesa（麦萨），即方台地。

三、区域分布

世界各地的不同荒漠，包括突厥斯坦荒漠和莫哈韦沙漠在内，都有雅丹地貌。非洲乍得盆地的特贝斯荒原的雅丹群范围最大，约26万平方千米。最高大的雅丹在伊朗的卢特荒漠东南部，约2万平方千米，雅丹高200米，风蚀谷宽500米，雅丹呈垅脊状延伸，长数千米至十几千米。中国是雅丹地貌的命名地，也是世界雅丹地貌分布最为集中的地区之一，面积约2万平方千米，主要分布于青海柴达木盆地西北部、疏勒河中下游和新疆罗布泊周围。青海的鱼卡向西通往南疆的公路沿途非常荒凉，在南八仙到一里平公路道班之间都可以看到“雅丹”，是西北内陆最大的一片“雅丹”分布区。新疆的雅丹地貌有3 000~4 000平方千米，规模小。

四、典型代表

雅丹地貌以罗布泊西北楼兰附近最典型。另外，克拉玛依的“魔鬼城”、奇台的“风城”等也都是典型的雅丹地貌。

1. 克拉玛依“魔鬼城”

位于准噶尔盆地西北边缘的佳木河下游乌尔禾矿区，西南距克拉玛依市100千米，有一处独特的风蚀地貌，形状怪异，当地蒙古人将其称之为“苏鲁木哈克”，哈萨克人称之为“沙依坦克尔西”，意为魔鬼城（图4-13）。魔鬼城呈西北—东西走向，长宽约在5千米以上，面积约25平方千米，地面海拔350米左右。远眺该城，就像中世纪欧洲的一座大城堡，大大小小的城堡林立，高高低低参差错落。每当风起，飞沙走石，天昏地暗，怪影迷离，如箭的气流在怪石山崖间穿梭回旋，发出尖厉的声音，如狼嗥虎啸，鬼哭神嚎，若在月光惨淡的夜晚，四周萧索，情形更为恐怖，这也许是“魔鬼城”名字的由来。

2. 罗布泊白龙堆雅丹地貌

20世纪初，欧洲著名的两个考古学家斯坦因和斯文赫定一前一后考察完罗布泊后，沿着早已消失的楼兰古道，一路向东往哈密而来。当气势恢宏的白龙堆在夕阳下露出它伟岸的身躯时，两个一前一后的考古学家都惊呆了，鬼斧神工、巧夺天工、神奇造化、天造地设……一切词语都不足以形容眼前出现的奇观。这会是什么呢？高大起伏的土山丘，在亿万年风力的吹凿中形成了千奇百怪的形象，或像狮、猴，或像城堡、蘑菇。步入其中，只能为大自然的造化感叹不已。这条长长的白龙堆仿佛就是一座天然的石刻雕像馆，风姿百态，令人目不暇接。斯坦因到达白龙堆（图4-14）的时候，对这里的地貌产生了强烈的兴趣，并进行了细致调查，结合

图4-13 克拉玛依乌尔禾“魔鬼城”

图4-14 白龙堆雅丹地貌

当地维吾尔人对此地的称呼，将其称为雅丹，并得到了国际地理学界和考古学界的公认。自此，“雅丹地貌”这个名称才流传开来。

3. 奇台“风城”

奇台风城（图4-15）在奇台县城北部、将军戈壁西北边缘卡拉麦里山地诺敏地带，是经过长期风蚀而形成的规模宏大、气势雄伟壮观的雅丹地貌。奇台诺敏风城北高南低，发育着一系列纵横的沟谷及沟谷间的台地、峰丘。台地与谷地高差不等，一般在20米~50米之间，谷坡呈陡坎状、斜坡状。台地和峰丘均由裸露的侏罗纪和白垩纪地层构成，岩性以紫红色、黄绿色、灰绿色、姜黄色泥岩、砂岩、砂砾岩为主，属于产出在侏罗纪至白垩纪地层上的雅丹地貌。如果扎营在诺敏塔下，静夜中听到风起声啸，会让你体验到一种惊心动魄的刺激。在这一带地表，布满着密集而又错落有致的砂岩奇异形体，举目眺望，俨然是一座座城堡巍然屹立于戈壁苍茫大漠之中，似亭台楼阁，似城廊街道，似罗刹宝殿。有“石猴望海”，有突兀拔地的“富士山”，有佛塔林立的“吴哥窟”，有雄伟壮观的“布达拉宫”，酷似眼镜蛇、大鹏等造型，各种景象，千姿百态，绚丽多彩。

图4-15　奇台诺敏风城

沟壑纵横——黄土地貌

“我家住在黄土高坡，大风从坡上刮过，不管是东北风，还是西北风，都是我的歌、我的歌”，每次听到这首熟悉的旋律，人们脑海中都会浮现出黄土高原（图4-16）沟壑纵横的景色。黄土高原就是典型的黄土地貌。

图4-16　沟壑纵横的黄土高原和九曲十八弯的陕西洛河

黄土地貌是发育在第四纪黄土（或黄土状土）地层中各种地貌形态的总称，具有一系列特征。其类型主要有黄土沟间地、黄土沟谷和独特的黄土潜蚀地貌。黄土沟间地，又称黄土谷间地，包括黄土塬、墚、峁、坪地等。黄土沟谷有细沟、浅沟、切沟、悬沟、冲沟、坳沟（干沟）和河沟等7类，前四类是现代侵蚀沟，后两类为古代侵蚀沟。黄土潜蚀地貌包括黄土碟、黄土陷穴、黄土柱。

一、黄土地貌的特征

黄土地貌的主要特征：沟谷纵横，地面破碎；侵蚀方式独特，过程迅速；沟道流域内有多级地形面。

——地学知识窗——

黄土

黄土是一种黄色、质地均匀、松散的第四纪土状堆积物。它具有多孔隙、垂直节理发育、透水性强、富含碳酸钙、易塌陷等特点，在流水作用、重力崩塌作用和风力吹蚀作用下，容易形成沟深、坡陡、沟壑纵横、地面支离破碎的黄土地貌。

二、发现及研究

我国是世界地质学家、地理学家对黄土地貌开展研究最早和研究最深入的国家。李希霍芬等著名科学家根据对中国黄土地貌的研究提出了黄土的风成学说。19世纪后期至20世纪前期，许多中外学者发表了研究中国黄土地貌的论著，并与欧洲黄土进行对比。20世纪50年代以后，黄土地貌研究进入蓬勃发展阶段。1953年，黄秉维首次编制成1：400万黄河中游土壤侵蚀分区图，奠定了黄土地貌研究的基础；20世纪50年代中期到80年代中期，刘东生等不仅在黄土地层学研究、确定黄土地貌发育年龄方面取得了突出成绩，而且在黄土地貌发育的历史过程、黄土性质与现代侵蚀的关系、黄土地貌类型区域分布与黄土下伏原始地面起伏的关系等方面，都做了卓有成效的工作。

三、区域分布

黄土在世界上分布相当广泛，占全球陆地面积的1/10，呈东西向带状断续地分布在南北半球中纬度的森林草原、草原和荒漠草原地带。在欧洲和北美，其北界大致与更新世大陆冰川的南界相连，分布在美国、加拿大、德国、法国、比利时、荷兰、中欧和东欧各国、白俄罗斯和乌克兰等地；在亚洲和南美则与沙漠和戈壁相邻，主要分布在中国、伊朗、俄罗斯的中亚地区、阿根廷；在北非和南半球的新西兰、澳大利亚，黄土呈零星分布。中国是世界上黄土分布最广、厚度最大的国家，其范围北起阴山山麓，东北至松辽平原和大、小兴安岭山前，西北至天山、昆仑山山麓，南达长江中、下游流域，面积约63万平方千米。其中，以黄土高原地区最为集中，占中国黄土面积的72.4%，一般厚50~200米（甘肃兰州九洲台黄土堆积厚度达到336米），发育了世界上最典型的黄土地貌（图4-17）。

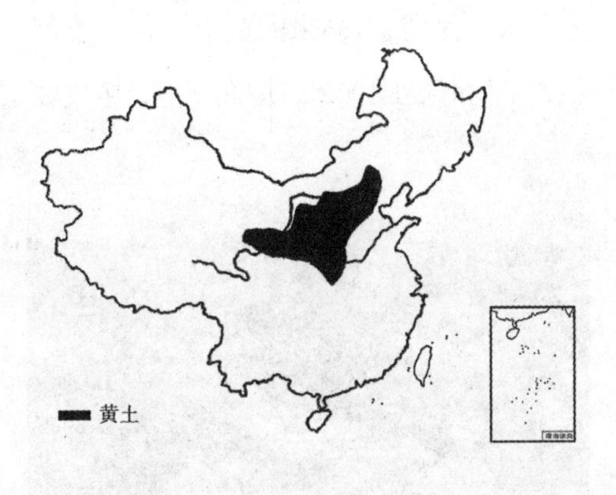

图4-17 中国黄土分布示意图

——地学知识窗——

黄土塬

黄土▮为顶面平坦宽阔的黄土高地，又称黄土平台。其顶面平坦，边缘倾斜3°~5°，周围为沟谷深切。它代表黄土的最高堆积面。目前，面积较大的▮有陇东董志▮、陕北洛川▮和甘肃会宁的白草▮。

四、典型代表

黄土高原是黄土地貌的典型代表，其中尤以陕北洛川塬、山西午城等地区的地貌最为著名。

1. 陕北洛川塬

洛川塬（图4-18）位于陕西洛川县黑木沟境内，地处轩辕黄帝陵桥山北麓。它是250万年前在新生代剥蚀准平原上发展起来的大型黄土沉积盆地，面积约5 000平方千米，保留了135米的黄土—古土壤沉积，平均海拔1 100米，塬面平坦，中央坡度<1°，塬边坡度3°~8°，是世界上最大、最厚的黄土塬，也是目前世界上保存最为完好的黄土塬地貌之一。这里裸露出的黄土—古土壤地层序列连续完整，是中国乃至世界上标准的黄土底层剖面，简直就是一幅最古老、保存最完整的“黄土纪年表”。洛川塬于2001年被国土资源部批准为洛川黄土国家地质公园。

2. 山西隰县午城黄土地貌

山西隰县午城黄土地貌（图4-19）位于山西省隰县午城镇境内，区内的柳树沟

图4-18 洛川塬

图4-19 山西隰县午城黄土地貌

——地学知识窗——

午城黄土

午城黄土为早更新世黄土，1962年由刘东生、张宗祜等命名。午城黄土为红黄色，结构致密而坚实，呈块状，大孔隙少，成分以粉沙为主，▮土含量高。夹有数层红棕色、褐色埋藏古土壤，钙质结核成层分布，多呈放射状空洞。黄土中有中国长鼻三趾马、三门马、中国貉、李氏野猪等化石。

是午城黄土标准剖面所在地。该地区黄土柱、黄土沟、黄土峁等黄土地貌类型较为发育，其黄土地貌颜色丰富、色彩艳丽，加之沟谷纵横，较为壮观。

3. 六盘山两侧黄土墚地貌

黄土墚（图4-20）按梁体规模大小分为长墚和短墚。长墚主要见于六盘山以西陇中黄土区域，长度达数千米至数十千米；短墚以陕北众多，长度仅数百米。六盘山以西黄土墚的走向，反映了黄土下伏

图4-20　黄土墚

——地学知识窗——

黄土墚

黄土墚是中国西北黄土高原地区特有的一种地貌形态类型，平行于沟谷的长条状高地。墚长一般可从上千米至十几千米。墚顶宽阔，几十米到几百米，呈鱼脊状往两侧沟谷微倾，坡度一般在20° ~ 30° 之间。黄土墚是残▮进一步被侵蚀切割而成的，或黄土直接覆盖在古黄土墚地形上。

甘肃系地层构成的古地形面走向，其梁体宽厚，长度可达数千米至数十千米；六盘山以东黄土墚的走向和基岩面起伏的关系不大，是黄土堆积过程中沟谷剥蚀发育的结果。

4. 甘肃榆中黄土桥

甘肃榆中黄土桥（图4-21）是黄土桥地貌的典型代表。黄土桥是由黄土陷穴不断扩大，使通道上方的土体不断塌落，未崩塌的残留土体形成如桥梁状的地貌。

5. 甘肃庆阳“土箭沟”黄土柱

庆阳“土箭沟”位于庆阳市西峰区显胜乡毛寺村，沟内有许多形似射向天空的利箭的黄土柱，因此被称为“土箭沟”（图4-22）。土箭沟长约250米，宽五六十米，最狭处仅有五六米，千百年来受雨水冲刷、风雪剥蚀，慢慢在沟壁形成了犬牙交错、形状各异的土柱群。尤其独特的是位于沟中央那个粗达数米、高约五层楼的红色土柱，从下面望去，活像一支利箭直射天空，在蓝天和青山的映衬下显得甚为壮观。

图4-21　甘肃榆中黄土桥

图4-22　甘肃庆阳“土箭沟”黄土柱

——地学知识窗——

黄土柱

黄土柱为黄土沟边的柱状残留土体。由流水不断地沿黄土垂直节理进行剥蚀和潜蚀，以及黄土的崩塌作用形成，有圆柱状、尖塔形，高度一般为几米到十几米。

Part 5

大美齐鲁——山东地貌览胜

山东省位于中国东部、黄河下游，北濒渤海，东临黄海。山东地貌类型丰富，有中国五大造型地貌之一的岱崮地貌，有以泰山为代表的雄伟奇特的变质岩与花岗岩地貌，有以长岛为代表的最典型的海蚀海积地貌，有以昌乐火山为代表的华北地区最年轻的火山地貌，有以趵突泉泉群为代表的泉水地貌，有北方极为少见的岩溶地貌等等。山东省地貌的形成，受多种因素影响，其中区域构造作用为主导，而外力作用以流水作用为主，岩性对地貌形态特征的影响也较大。

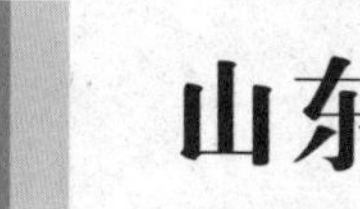

山东地貌概览

山东省位于中国东部、黄河下游，北濒渤海，东临黄海，是中国沿海12省（市）之一。地理范围：北纬34° 22.9′ ~38° 24.0′，东经114° 47.5′ ~122° 42.3′。省境南北最长约400千米，东西最长约700千米。全省面积约15.72万平方千米，占全国总面积的1.6%。在大地构造单元上，山东是中朝地台的一部分，由三个二级大地构造单元组成，即华北断坳、鲁西断隆和胶辽台隆。华北断坳位于山东北部，大致在聊城—齐河—广饶以北；鲁西断隆位于省境中、西部，大致在郯庐断裂带以西；郯庐断裂带以东为胶辽台隆。

一、地势特征

山东位于中国自西向东逐次降低的三级地势阶梯中最低一级阶梯上。全省高程的中位值仅为49.5米，总体地势较低。全省海拔的自然组合状况：海拔0~50米的面积占全省面积（含沿海滩涂）的50.63%；海拔50~100米的面积占17.41%；海拔100米以上的全部面积占31.96%；其中，海拔500米以上的面积仅占全省面积的2.69%。

山东地貌大势总的表现：省境中部山地隆起，地势最高；东部及南部丘陵和缓起伏；北及西部平原坦荡，对山地丘陵呈半包围之势。

省内规模最大的山地为近东西向横亘于鲁中的泰鲁沂山地，分水岭脊海拔多在800米左右。泰山主峰海拔1 532米（山东省测绘局1984年调绘），为全省最高峰。蒙山山地分布于泰鲁沂山地之南，主峰龟蒙顶海拔1 150米，为省内第二高峰。鲁东丘陵海拔多在500米之下，以崂山最高，主峰海拔1 133米，为全省第三高峰。鲁北、鲁西平原海拔多在50米以下，为黄河泛滥平原，近代黄河三角洲为其组成部分，位于东营市境内。

二、基本地貌形态

山东的基本地貌形态类型包括山地、丘陵和平原三种。山地、丘陵约占全省面积的37.45%，分布于鲁中南及鲁东，属构造隆起区；平原约占62.55%，主要分布于鲁北及鲁西，基本属构造沉降区（图5-1）。

鲁中南的山地丘陵，地势北高南低。其中，以近东西向横亘鲁中的泰鲁沂山地最高，山脊海拔一般在800米左右，与其南侧的蒙山山地共同组成山东中部分水岭脊，形成辐散状水系。山地丘陵区内被一些近东西向和西北—东南向宽大的山间谷地平原所分隔，山区总体轮廓很不规整。潍河及沭河以东的鲁东地区，山地丘陵被低平的胶莱河平原分隔，互不连接。其北部山地丘陵以艾山、牙山及昆嵛山为代表，均为低山；南部胶南丘陵，又称沭东丘陵；崂山山地孤峙于胶州湾东侧，主峰海拔千米以上，为鲁东最高的山地。

广袤的平原分布于省境北、西部，对山地丘陵呈半包围之势。鲁北及鲁西为黄河冲积平原，又称黄泛平原，海拔多在50米以下，东与泰鲁沂山地北麓山前平原以及胶莱平原连成一片，向渤海沿岸过渡为海拔5米以下的海积平原。

山东地貌的分布与形成，受地质基础的明显制约。鲁北及鲁西平原形成于块断构造差异沉降地区，鲁中南及鲁东山地丘陵形成于块断构造差异隆起地区。

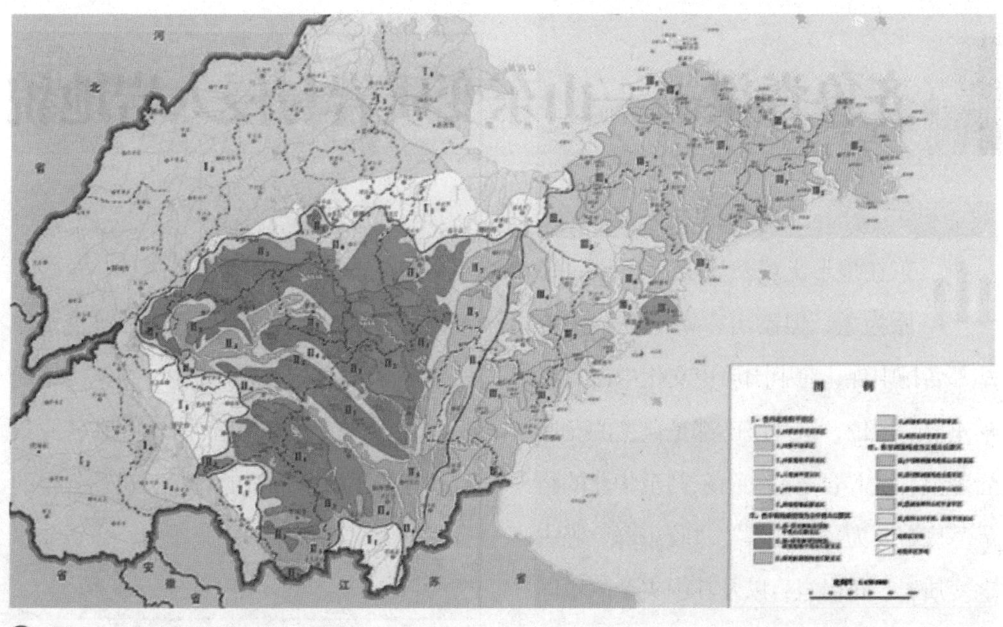

图5-1 山东地貌单元分布示意图

三、地貌类型

山东省地质构造较为复杂。在漫长的地质历史时期，复杂的地球内外地质动力作用塑造了山东省宝贵的、丰富多彩的、具有较高观赏价值的地貌景观，是山东最重要的地质遗迹资源和自然旅游资源。山东省地貌的形成，受多种因素影响，其中以区域构造作用为主导，而外力作用以流水作用为主，岩性对地貌形态特征的影响也较大。山东省特色地貌景观主要有变质岩地貌、花岗岩地貌、岱崮地貌、火山地貌、石灰岩地貌、海蚀海积地貌等类型。

山东的泰山、蒙山、崂山等几座省内名山是典型的变质岩地貌、花岗岩地貌。发育在寒武系底层上的岱崮地貌在鲁西断隆较为常见，也是中国崮形地貌最为发育、最为典型的地区，是一种山东省独有、具有较高观赏价值和美学价值的景观地貌；发育在中生代和新生代火山岩地层之上的火山岩地貌，在胶辽台隆上分布较广，本区是我国东部少有的几个可以看到火山口构造的地区。此外，在寒武系石灰岩地层上还发育有许多北方省份少有的喀斯特溶洞地貌、溶泉地貌，胶东半岛还发育有中国罕见的海蚀海积地貌等，这些地貌在中国都是比较独特少见而且典型的。

齐鲁脊梁——山东变质岩与侵入岩地貌

山东在地形上虽然以低山丘陵、平原为主，但泰山、崂山、蒙山等却都名扬中外，在中国历史文化中占有极其重要的地位，这几座山都是典型的变质岩地貌、侵入岩地貌。山东乃至华北的结晶基底主要为“泰山群”“胶东群”等古老变质岩、花岗岩，以及其中夹杂的不同期次花岗岩、闪长岩等侵入岩体，这些岩石较为坚硬，受构造作用抬升后被流水作用差异化剥蚀，构成了鲁中、鲁东山地地貌，并形成了山东省一些较负盛名的景点，构成了山东地貌的骨架，可谓齐鲁的脊梁。

一、泰山

泰山（图5–2）誉称中国“五岳之首”，以拔地耸天之势雄踞华北大平原东缘。主峰玉皇顶海拔1 532米，为山东最高峰，位于泰安市城北。自主峰玉皇顶向泰安城水平距离不足8千米，海拔却由1 500米骤降至150米。泰山山地与周围低山丘陵的界线均为断裂分隔，山体核心整体为受其南侧泰山大断裂控制的单斜断块山。泰山之北侧山岭连绵，渐次低下，由陡峻的块状山向北逐渐过渡为层状方山、单面山，乃至山前剥蚀平原和冲积平原。泰山地势南高北低，自南而北地貌的上述变化特征，也是鲁中南中山山地的共有特征。泰山由片麻岩、花岗片麻岩与混合花岗岩等太古代变质岩系构成，相对高度达1 380米，流水下切剥蚀强烈，形成峡谷及嶂谷地形。山谷相对深度多在200米以上，谷底多跌水、瀑布。山地呈壮年山地地貌景色。峰顶略呈穹状，冰冻风化明显，局部形成石河及倒石坡。早第三纪时期，泰山已初具规模，中—上新世继续剥蚀，上新世至早更新世，受喜马拉雅运动影响，又明显抬升，最终形成现今中山地貌。泰山为我国历史名山，文化古迹众多，旅游资源丰富。

图5–2　泰山

二、蒙山

蒙山（图5-3）形似卧蚕，以近北西—南东走向展布于蒙阴、平邑和费县之间。其东北、西南两侧分别为新泰—蒙阴谷地及平邑—费县谷地所约束，为一脉络明显而完整的山地。在海拔200米以上范围内，总长约170千米，宽约40千米。除龟蒙顶主峰外，还有挂心橛子、望海楼等千米以上的山峰6处。山地的西北、东南段皆为海拔700米以下的低山及丘陵。蒙山山地主要由太古代变质岩系组成，中山区由元古代桃科期花岗岩侵入体构成，抗蚀力强，故形成巍峨高峻的山地核心部分。龟蒙顶峰顶较平缓，形似伏龟；挂心橛子等峰壁立如削，陡险难攀。蒙山山地受断裂构造明显控制，表现为断块单斜山地。山体沿其南麓近北西向伸延的蒙山断裂强烈翘起，向东北斜倾，山地南麓沿该断裂形成平直的山麓线。山地北侧，由古生代石灰岩为主体的沉积岩盖层，经长期侵蚀—剥蚀，形成顺北西走向展布的典型的单面山带。近南北向分布的断层横切山地，发育成横断剥蚀谷地。

图5-3　蒙山

三、崂山

崂山位于山东半岛南岸、胶州湾东侧，为鲁东唯一的侵蚀—剥蚀中山，海拔1 133米，为山东第三高峰。崂山山地平面轮廓如直角三角形：东、南两侧傍海，为直角边；西北侧以北东—南西向海阳—青岛断裂为界，为其斜边，与胶莱平原以平直的海拔60~80米的山麓线相连。整个山地由中生代燕山晚期花岗岩侵入岩体构成。中生代末沿海阳—青岛断裂拱起，历经新生代长期剥蚀，岩体裸露于地表，成为断块山地。区内以北东—南西向断裂为主，产生差异隆起，并以王哥庄—午山断裂以南的小三角形断块隆起最高。崂山山地面积500平方千米，以崂顶为海拔千米以上的山地中心为中山区，面积约180平方千米。其余部分为低山丘陵区，山势由东北向西南逐次降低，海拔由700余米降至300米以下。区内北西—南东向构造线亦较发育，与主断裂组成格状构造系统，使河流亦具格状水系特征。河流下切剥蚀强烈，形成深切的“V”形谷与嶂谷，相对深度200米以上，谷底跌水、瀑布毗连。花岗岩节理发育，经强烈的差异剥蚀，形成锯齿状山脊，危峰突兀，鳞次栉比；球状风化作用则形成千姿百态的摇摆石高踞峰巅，使山势越发险奇；由大量花岗岩巨砾组成的崩塌堆积物遍布山麓、谷坡，形成罕见的石蛋地形。山地的东、南两侧直逼黄海，悬崖峭壁，拍浪惊天，构成中国北方典型的山地海蚀海积地貌。崂山山地奇峰与幽谷交织，碧海同青山相映，作为历史名山，是享誉中外的旅游胜地。

一枝独秀——山东岱崮地貌

岱崮地貌是山东沂蒙山区特有的一种地貌景观，人们通常称之为“崮”。“崮”即指四周陡峭、山顶较平的山，在地貌学上称为方山。岱崮地貌不仅具有很高的科学研究价值，而且在科普教育、风景旅游、生态旅游等方面具有一定的开发潜力。

一、地貌特点

岱崮地貌最典型的形态特征为山体顶部平展开阔，周围峭壁如削，峭壁之下坡面坡度由陡到缓，一般20°~35°。峭壁高度10~100米不等，放眼望去，酷似一座座高山城堡，成群耸立，雄伟峻拔。山东省的崮形地貌主要存在于古生代寒武系长清群—九龙群张夏组分布的中低山区。张夏组厚层碳酸盐岩构成"崮"顶，下部为馒头组碎屑岩夹薄层碳酸盐岩，地层缓倾斜，倾角大多小于10°。山东岱崮地貌分布广泛、数量众多，是全国乃至世界的崮形地貌集中分布地。

二、发现及命名

中国科学院地理科学与资源研究所研究员张义丰带领课题组，在进行北京山区与鲁中南山区生态与新农村发展对比研究中，对沂蒙山区"崮"型地貌产生了浓厚兴趣。回到北京，张义丰等人就组成了课题组，对全国崮型地貌进行了系统研究，并且深入岱崮山区进行了实地考察。课题组历时5个月，六次深入沂蒙山区，通过实地考察和吸收众多学者的地貌研究成果，提出了"岱崮地貌"一说。课题组还把"岱崮地貌"与我国几种主要造型地貌中的"丹霞地貌""张家界地貌""嶂石岩地貌""岩溶地貌"进行对比研究。"岱崮地貌"的说法提出后，得到了地质地貌学术界的广泛响应。2007年8月21日，崔之久、杨逸畴、孙文昌等7位全国权威地质地貌专家在蒙阴县参加了"中国岱崮地貌"论证会，一致认为，"崮"在中国北方个别地方虽有分布，但比较分散，地貌特征不明显，而蒙阴县岱崮镇在方圆10千米内就聚集了30余个崮（图5-4），具有分布集中、类型齐全、造型

图5-4 蒙阴岱崮地貌景观

秀美的突出特点，是中国崮型地貌最典型的区域，在我国造型地貌中比较稀缺，在世界造型地貌上也属罕见。遂以岱崮镇镇名命名此类地貌为“岱崮地貌”，并将其列为继“张家界地貌”“岩溶地貌”“嶂石岩地貌”“丹霞地貌”之后的中国第五大造型地貌。

三、区域分布

“崮”主要分布在鲁中南低山丘陵区的蒙阴、沂水、沂南、沂源、平邑、费县、枣庄市山亭区等7个县区境内，较为知名的“崮”超百余座。以沂蒙山区分布的崮型地貌为代表，素有“沂蒙72崮奇观”之称，组成了壮美的沂蒙崮群。

四、典型代表

1. 蒙阴岱崮群

岱崮地貌因蒙阴县岱崮镇集中分布的“崮”形山而得名，在方圆不足100平方千米的范围内，知名的崮就有30座，仅岱崮镇就有16座，几乎每个崮都有美丽的传说和悠久的人文历史遗迹。其崮数量之多、地域之集中、形态之壮美，为世界之罕见。

2. 抱犊崮

抱犊崮位于枣庄市山亭区东南10千米处，其主峰位于兰陵县下村乡境内，海拔584米，为鲁南第一高峰，被誉为“天下第一崮”。自古以其独有的“雄”“奇”“险”“秀”居于鲁南72崮之首，被誉为“鲁南小泰山”。崮顶岩石为厚层海相鲕粒灰岩、生物碎屑灰岩等，岩石坚硬，厚度达百米。

抱犊崮（图5-5）历史悠久，原名君山，汉称楼山，魏称仙台山。相传，东晋道家葛洪（号抱朴子）曾投簪弃官，抱一牛犊上山隐居，“浩气清醇”，“名闻帝阙”，皇帝敕封为抱朴真人，抱犊崮故名。

3. 馒头山

济南市长清区张夏镇境内有一座蜚声中外的地质名山、崮形地貌——馒头山（图5-6）。它位于济南市以南、泰山之北、京福高速公路东侧，距离济南市区仅20余千米。馒头山海拔408米，因其在地貌类型上属于崮型地貌，形似馒头而得名。其地质年代属古生代寒武纪浅海相沉积地层，距今约5.3亿年，地层总厚度为570.38米，记录了3 000多万年的海相沉积历史，是国内外寒武纪年代地层和生物地层的标准剖面，是研究我国华北寒武系的起源地，具有重要的科研和科考价值。2002年馒头山被山东省政府批准为山东省级地质公园，并被列入山东省级地质自然遗迹保护区。2003年被联合国教科文组织命名为世界第三地质名山。

图5-5 抱犊崮

图5-6 馒头山

名泉之邦——山东岩溶泉群地貌

鲁西台隆构造区寒武系石灰岩与结晶基底相间杂的布局、纵横交错的断层带以及寒武系石灰岩的单斜构，造就了大量泉群，使得山东成为我国泉群最为发育、“泉”声最响的地区，可谓“名泉之邦”。

一、地貌特点

山东岩溶泉群地貌较为发育，具有最典型、数量多、分布广的特点。

二、区域分布

岩溶大泉是指日均流量大于1万立方米的岩溶泉或泉群。它是典型的水体景观类地质遗迹，具有很强的可观赏性和旅游开发价值，尤其在区域水文地质单元划分和地下水均衡研究、岩溶环境研究等方面具有重要意义。

岩溶泉是碳酸盐岩类裂隙岩溶水运动过程中，在水头压力的作用下，经岩石节理、裂隙、岩溶等多种通道出露地表而形成的。鲁中南地区碳酸盐岩分布广泛，面积约2万平方千米，是中国北方岩溶水资源分布面积最大的地区之一。岩溶泉水广布，据不完全统计有308处，正常喷涌年份总流量约5.18亿立方米/年。其中，历史上的岩溶大泉有36处，多以面状或带状成群喷涌。出露位置（图5-7）具有一定的规律性：一是分布于单斜构造边缘的山麓地带，属泉域边界的最低处，如济南泉群、明水泉群、临朐县老龙湾泉及泗水县泉林泉等；二是分布于排泄区下游低洼的沟谷或河谷中，在构造和地貌上属构造盆地边缘及腹部，如滕州羊庄泉群、魏庄泉群、泗水黑虎泉及枣庄十里泉等；三是分布于断层带之上，地下水沿断层破碎带上升成泉，如淄博市源泉镇的龙湾泉。

岩溶大泉流量明显受控于大气降水和人类工程活动，其动态特征大致可分为两类。一类是自然动态变化型。区域地下水开采量小，开发利用程度低，地下水的排泄形式以泉和沿含水层向下游自然径流为主。岩溶大泉水位、流量受降水控制显著，丰水期水位高、流量大，枯水期水位

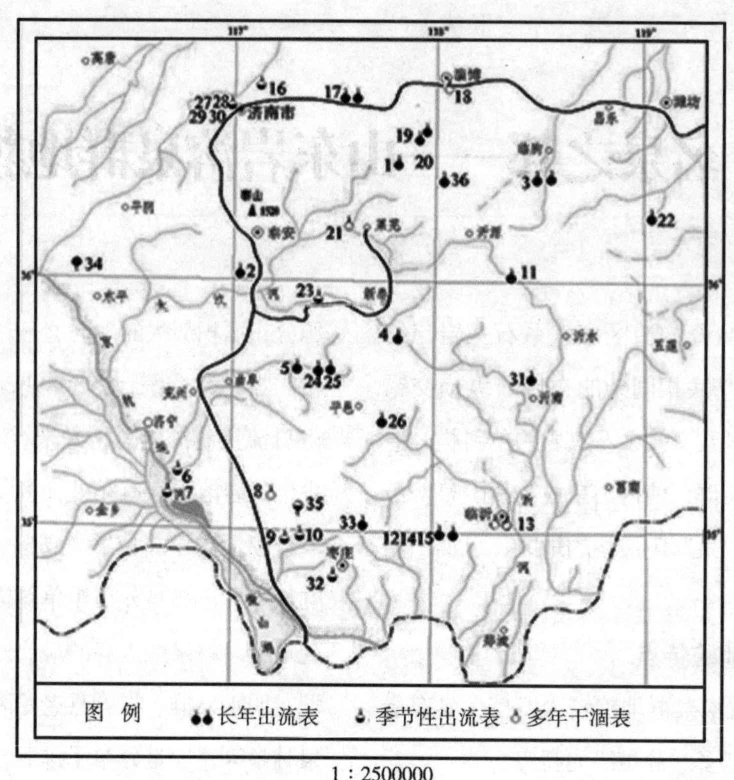

图5-7　山东岩溶泉群分布示意图

降低、流量逐渐减小，多数泉水基本常年出流。另一类是以人为因素和自然因素为主的复合动态变化型。泉域岩溶水开采量大，地下水位和泉流量动态变化显著，岩溶泉仅在丰水季节出流，其他时间大部处于长期断流状态。目前，长年基本处于连续喷涌状态的有17处，受人为大量开采地下水影响而长期干涸的有3处，其他多在汛期出流，年内出流时间一般为6~9个月。

三、典型代表

在山东省出露的36处岩溶大泉中，以济南趵突泉为代表的济南泉群、章丘百脉泉群、济宁泗水泉群、临朐老龙湾泉群的观赏性及研究价值较高。

1. 济南泉群

济南泉群是我国乃至世界罕见的特大石灰岩岩溶泉群，以其典型性、类型的多样性、规模的集群性、分布的集中性而闻名，具有独特的旅游地貌学研究价值和地质学、构造学、地层学研究价值。据统计，老城区2.6平方千米范围内就有天然泉池136处，其中以趵突泉泉群、五龙潭泉群、黑虎泉泉群和珍珠泉泉群最负盛名。

趵突泉泉群（图5-8）位于济南市中心繁华地段，北至共青团路，南至泺源大街，东至趵突泉南路，西至饮虎池街。趵突泉泉群以趵突泉为主要代表。趵突泉泉群泉池众多，共有28处名泉，其中，列新七十二名泉的为趵突泉、金线泉、皇华泉、卧牛泉、柳絮泉、漱玉泉、马跑泉、无忧泉、石湾泉、湛露泉、满井泉、登州泉、杜康泉（北煮糠泉）、望水泉等14处，其他名泉14处。正常年份该泉群日喷涌量为10.45万立方米。泉群周边名胜古迹众多，有泺源堂、娥英祠、望鹤亭、观澜亭、尚志堂、白雪楼、李清照纪念馆、万竹园等景点。

2. 章丘百脉泉群

位于济南市东部章丘市龙泉寺内，为济南五大泉群之一。“百脉沸腾，状若贯珠，历落可数”，故名。因泉水众多而有“小泉城”之称。百脉泉是章丘诸泉之冠、绣江河源头，是济南东部最大

图5-8　济南市趵突泉

的泉群。由18处名泉组成，其中，以百脉泉、东麻湾、西麻湾、墨泉、梅花泉（图5-9）最为著名，泉群正常年份涌水量为40余万立方米/日。

百脉泉泉池长26米，宽14.5米。池底泉眼众多，水泡串串奔突而出，似滚动的珍珠，与济南市区的珍珠泉十分相似。

东麻湾在百脉泉东侧，因湾内泉眼密密麻麻分布而得名，原为自然塘湾洼地，1958年清挖扩建，面积达10万平方米，又称明水湖。

西麻湾位于百脉泉西南，与东麻湾遥相呼应，是章丘泉群的集中喷涌地带，泉流量居诸泉之最，正常年份泉流量为4.3万立方米/日。

墨泉位于百脉泉西南约30米处，为一人工钻孔喷泉，1966年成井，因泉井深幽、水色苍苍如墨而得名，正常年份泉流量为2.6万立方米/日。盛时地下水自井口喷出高70余厘米，直径达100厘米，如墨球翻滚，气势恢宏，状如趵突，声如隐雷，滚滚之声不绝于耳。

梅花泉位于百脉公园北侧，由5个人工钻（1979年钻探成井）孔形成，泉水自钻孔中喷涌而出，宛如盛开的梅花而得名。水花四溅，气势汹涌，正常年份涌水量为4.3万立方米/日。

3. 泗水泉林泉群

泉林泉群为泗河之源头，因名泉荟萃、泉多如林而得名。主泉区地处泗水县

图5-9 章丘市梅花泉

泉林镇泉林风景名胜区（图5-10），景区面积3.49平方千米。分布有泉水溢出、喷涌点数十处，泉群多年平均流量为9.6万立方米/日，最大流量为17.4万立方米/日（1984年9月18日）。

泉林泉群开发历史久远。北魏地理学家郦道元在《水经注》中誉之为“海岱名川”。至圣孔子曾在泉林设坛讲学，站在源头发出“逝者如斯夫，不舍昼夜”的感叹。1684年冬，康熙南巡，登泰山，祭圣人，观泉林，留下了不朽篇章《泉林记》。乾隆皇帝对泉林情有独钟，先后九次驻跸，并建有行宫，留下赞美泉林的诗文150多篇。1998年9月泉林泉被山东省人民政府列为省级风景名胜区，2008年11月被山东省旅游局评定为国家级AAA级旅游景区。

4. 临朐老龙湾

老龙湾（图5-11）原名熏冶水，为省级风景区，有“北国之江南”之称。位于临朐县城南12.5千米处的冶源村前，海浮山北麓。老龙湾历史悠久，其西尽头主泉——熏冶泉，在战国时期的史书《齐乘》中已有记载。据传，老龙湾内有泉眼直通东海，深不可测，有神龙潜居其中，故得名“老龙湾”。现水面面积3.3万平方米，水深盈丈，清澈见底。老龙湾内泉眼数不胜数，主要有铸剑池、秦池、洪湖窟、善息泉、濯马潭、万宝泉、放生池等。正常年份泉群总流量为8.6万立方米/日。

图5-10　泗水泉林涌珠泉

图5-11　老龙湾

别有洞天——山东岩溶地貌

山东的岩溶地貌是以溶蚀—剥蚀为主的温带岩溶地貌类型，以岩溶—剥蚀山地和丘陵为其总的地貌特征。山区的河流表现为旱谷特征，在一定的地貌部位和高度部位，发育并存留着石芽、溶沟、岩溶泉、溶蚀洼地与溶洞等岩溶形态。在可溶岩分布的海岸段，则形成海蚀—溶蚀为主的滨海岩溶地貌景观。

一、地貌特点

山东省位于大陆性温带季风气候区，年降水在700毫米，由于降水量相对不足，山东地表岩溶地貌不甚发育，主要分布在鲁南地区，表现为溶沟、石芽等微溶地貌，且大部分被土层所覆盖，难以构成旅游资源。与此形成鲜明对比的是，山东地下岩溶作用明显，形成众多溶洞。

二、区域分布

山东省是中国北方重要的岩溶地区之一，可溶性岩及岩溶地貌出露面积约为16 200平方千米，广泛分布于济南、淄博、枣庄、泰安、临沂等鲁中南山地丘陵区，在鲁东有少量分布。鲁中南地区的可溶性岩主要为古生界的石灰岩、白云质灰岩、泥灰岩及白云岩。鲁东的可溶性岩主要是胶东群与粉子山群中的大理岩，以及蓬莱群香夼组石灰岩等，见于莱州、蓬莱、福山、牟平、栖霞一带。大面积的可溶岩分布，为山东岩溶地貌的发育提供了物质条件。

三、典型代表

山东省较为典型的地表岩溶地貌有费县石林、青州仰天山石道人石林、熊耳山、仰天槽等鲁中地区溶蚀洼地，地下溶洞地貌有淄博市博山樵岭前朝阳洞、沂源土门溶洞群、沂水龙岗溶洞、泰安岱岳区邱家店溶洞等。

1. 鲁中南溶沟、石芽地貌

溶沟、石芽在鲁中南石灰岩地区很普遍，其中以费县“地下石林”景观（图5-12）为代表。鲁东烟台—蓬莱沿海及福山、栖霞等地大理岩和石灰岩分布区也有发育。溶沟一般深十多厘米至2米，宽10厘米至1米余，长数米至十余米，其断面呈深“V”形或“U”形，底部常充填红色土层。石芽形态多样，常见的是顶部平缓、棱边圆滑的平顶状石芽，这种形态与其间的溶沟常组成大片的棋盘格状地面；有些地方可见刃脊状石芽和“太湖石”。

图5-12 费县地下石林——地表岩溶景观（溶沟）

2. 鲁中地区溶蚀洼地

封闭式的溶蚀洼地作为古岩溶发育期的产物，在一些分水岭地区的山顶剥蚀面上有少量残留。山东省内已知有仰天槽、皇姑顶、莱芜平州顶、沂源唐家寨4处溶蚀洼地，其中以仰天槽最为典型和知名。

仰天槽溶蚀洼地位于青州仰天山山顶（图5-13）。该山由上寒武纪和下奥陶纪石灰岩构成，为船形山。山顶面周围为山脊环绕，最高峰海拔867米。内部为一南北狭长、面积约0.75平方千米的槽形封闭洼地，古称仰天槽。洼地内最低处在北端，海拔750米。洼地边缘山脊与洼地底部的高差为百余米。洼地内发育许多呈串珠状分布的小溶斗，有的溶斗底部与落水洞连通。如洼地西北部的黑龙洞，即是一个发育在小溶斗底部的落水洞，洞阔如厅，垂直向下，洞深不详。其北侧不远处还有一白龙洞。此外，在洼地东北部边缘外侧峭壁（佛光崖）下，还有水帘洞、千佛洞（罗汉洞）、仙人洞、卧牛洞等若干洞穴。仰天槽内有红色土及黄土覆盖，林木郁密。

3. 山东溶洞群

溶洞为岩溶地貌的重要类型之一，为可溶性岩石经地下水长期溶蚀、剥蚀而成的形态多样的洞体。山东境内已知显露于地表的岩溶洞穴计340余个。现知溶洞中，长度大于50米的有60余个，大于500米者有4个。有代表性的大型溶洞概况如下：

图5-13 仰天槽

淄博市博山樵岭前朝阳洞（图5-14）：该洞紧靠白杨河谷（孝妇河支流），出露于陡峭谷壁中下部，高出谷底约50米。洞内窝穴等溶蚀小形态发育，化学沉积形态较丰富，形态类型较多，有石钟乳、石笋、石柱、石幔、石花，还有山东较少见到的石盾、石旗及边石堤等。该洞于1985年5月正式开放为旅游洞穴。

沂源县土门溶洞群（图5-15）：位于沂源县土门镇黄崖村—池埠村—鲁山林场一带，在约4平方千米的范围内，集中发育了十多个规模较大的溶洞，为省内溶洞最集中之处。其中，千人洞、养神洞、石龙洞、人安洞等，处于黄崖村西山坳内，高出谷底80~120米。土门溶洞群洞穴集中，且各洞中都有较多化学沉积形态，具有一定的开发利用价值。

沂水龙岗溶洞：位于山东省临沂市沂水县院东头乡，即沂水县城西南8千米龙岗山下，洞体长度6 100米，目前已作为旅游景点开发3 100米。洞穴沿290°~320°方向延伸，由一条西北—东南走向的巨大岩溶裂隙发育而成，2003年5月1日以“山东地下大峡谷”的景点名称

图5-14 博山樵岭前朝阳洞

图5-15 沂源县土门溶洞群

正式对游人开放，被山东省国土资源厅命名为“山东龙岗省级地质公园”，后被列入山东沂蒙山国家地质公园的园区之一（图5-16）。

泰安岱岳区邱家店溶洞：位于泰安岱岳区邱家店镇，现已被开发为“泰山大裂谷”景区（图5-17）。整体观光长度为6 000余米，洞内钟乳石、石花、石柱、石笋、石幔、石瀑遍布，形成了一幅幅神奇美妙的画卷。洞内依托丰富的地下水资源打造的4 000米地下暗河漂流，是迄今为止最长的地下河漂流，水道蜿蜒曲折，惊险刺激。

图5-16 沂水龙岗溶洞石瀑

图5-17 泰安岱岳区邱家店溶洞石钟乳

东方仙境——山东海蚀海积地貌

山东海岸北起冀、鲁交界处的漳卫新河河口，南止于苏、鲁交界处的绣针河河口。大陆岸线长3 121千米。其中，蓬莱老北山以西为渤海海岸，老北山以东为黄海海岸。沿岸岛屿共299座。漫长的海岸线发育了我国最典型、最丰富的海蚀海积地貌。

一、地貌特点

在山东漫长的海岸线上，既有宽阔的砂底滨海带及风景优美的海滨浴场，又有可供观光旅游的奇石林立的海蚀海积地貌，是我国海蚀海积地貌分布最为集中、发育最为典型的地区。

二、区域分布

山东海蚀海积地貌主要分布在烟台、青岛、威海、日照等沿海地区。

三、典型代表

蓬莱、崂山、长岛等地海蚀海积地貌最为典型，美丽的海岸地貌引起了古人无尽的遐想，是我国道家文化倍加推崇之地，被视为神仙居住之地，“人间仙境”。

1. 长岛

长岛即长山列岛（图5-18），历称庙岛群岛，古称沙门岛，是隶属于山东省烟台市的一个群岛。全岛属长岛县管辖，位于渤海、黄海交汇处，胶东半岛和辽东半岛之间。由32个岛屿组成，岛陆面积约56平方千米，海域面积8 700平方千米，海岸线长146千米，主要岛屿是南岛和北岛。典型海蚀地貌主要有海蚀崖、海蚀洞、海蚀柱、海蚀拱桥、海蚀平台、石礁等。海蚀崖有九丈崖、大黑山岛的龙爪山、老黑山海蚀崖、九门洞石崖等百余处，高5~200米不等，崖高壁险，斑驳皱裂，明显残留着造山运动时断裂、切割、拗陷的痕迹。由于千万年来海浪的淘涤，危崖根底洼凹，多近90° 垂直面向海面，凹进处更增其险峻、巍峨的雄姿。海蚀洞有大黑山岛的聚仙洞、怪蛇洞等40余处上百个石洞，最大深度200余米。位于龙爪山大顶山下的聚仙洞深83米，与旁洞深邃毗连、串廊迂回，置身其中，闻涛声阵

图5-18 长岛

阵，十分壮观。海蚀柱地貌在区内也十分丰富，共计有50余处，如九叠石、望夫礁、宝塔礁等。宝塔礁位于长山水道与宝塔门水道交汇处，高21米，宽5米，塔身由石英岩与板岩互层叠压，长年被风剥浪蚀，造型似塔如帆。《登州府志》载：“岛外一石，突立波中，酷肖浮屠，为舟行出入门户。”如今这座海上的天然航标已成为长岛的象征，是长岛奇礁异石的“石徽”。南五岛区内的象形礁资源也相当丰富，为海蚀柱的一种，多被拟人化、动物化。这些奇石或突兀群聚，或孑然孤立，抹紫浮翠，千姿百态。有的亭亭玉立在滩岸之上，有的匍匐在碧波之中。老头石、老婆石等均为海蚀作用形成的人间奇观（图5-19）。

长岛境内独特的岩石组合及内外力地质作用，形成了众多形态的微地质遗迹景观，主要有象形石、彩石岸、球石等。

象形石资源丰富，全区各岛均有分布。林海的邂逅石、狮子石、金兔石，龙

图5-19 长岛——海蚀地貌景观

爪山的人猿石，钓鱼岛（挡浪岛）的思鹅石，仙境源的孔雀石等等，或人形、或兽象，或景观、或物状，栩栩如生，独具神韵。沧桑几以巨变，海水有进有退，有的奇石美礁从水中“走”上岸来。南砣子岛南岸距海水10米处有一狮子石，从海上看，很像一位披蓑衣的老翁，立滩把竿垂钓；从岸上看，又似一头凶狮坐卧滩头，在振鬣狂吼。这种一石多姿的奇观令人叹为观止，众多的象形石增添了海岛景色的无穷神韵。

石英岩、板岩微地貌是长岛特有的国内外罕见的地质遗迹，主要分布在九丈崖、龙爪山、犁犋把岛、仙境源、砣矶岛等处的海蚀崖、海蚀柱等处，反映了地质历史时期岩石形成演变的过程，俗称彩石岸。综观浑然一体，细看一处一景，别有洞天，有的匍匐于滩，有的隐匿于水，随着潮汐的时间表时没时现，不论是鼓的瘪的，竖纹被扭曲，横理被折弯，实是千回百转，无穷变幻，随意取一景都别具一格，无与伦比。它是以自身的质地和颜色与周边环境相互结合，自然搭配，用参差之美昭示于人，五光十色，漏透瘦皱，千奇百怪，巧夺天工。有的蓝白石纹双色重叠，有的红绿石堆砌罗列，有的如模特衣裙飘飘，有的如古木年轮圈圈点点。既有粗犷的气质美，又有裸露的自然美。

长岛的球石资源十分丰富，质量上乘，不仅有光滑圆润的形体，还有五颜六色的纹理及栩栩如生的貌相，有的白肤洒蓝点，有的橘黄托红光，有的紫色配绿颜，像镏金，似赋彩，各具千秋，五彩斑斓。球石的形成经历了岩石的形成、铁锰质浸染变质、碎裂破碎成块、千古海浪打磨等过程，才有今天的圆熟和顽韧，每一枚球石都凝聚了地质作用的坚韧持久，是珍贵的地质遗迹。

2. 成山头

成山头（图5-20）位于荣成成山卫以东，以锥山—牛青山为脊，东西展布，由燕山期花岗岩构成。其北侧风沙堆积可达锥山、牛青山北麓海拔50~60米处。成山头位于半岛最东端，海岸壁立，水深浪汹，海蚀地貌发育。海蚀阶地高5~9米，

图5-20 成山头

海蚀崖高30米以上。岸外有四块岩礁成南东向排列，随潮隐现，古称“秦皇桥”。据《史记》记载，秦始皇曾于公元前219年及公元前210年两次登临成山头，留有遗迹，使成山头成为历史名地。

3. 崂山八仙墩

八仙墩（图5-21）至团岛角沿岸为崂山山地南岸，近东西走向。受崂山山地北东向构造控制，沿岸岬角多呈北东向斜列，与海湾相间分布。崂山山地东南端八仙墩海角，由厚层石英砂岩构成，近岸水深大于20米，海蚀崖陡立高达50米，崖下无海滩。规模巨大的海蚀洞顺向海倾斜的岩层面发育，洞底长20米以上，高5~10米，洞深近10米。洞顶厚层石英砂岩崩积于洞内，形成许多边长1~2米的六面体岩块，状如石墩、石桌，古人美其名为“八仙墩”。

4. 石老人

青岛石老人（图5-22）附近海岸，由火山岩及变质岩构成。海蚀、海积地貌发育，海蚀崖高20~30米。崖南宽50余米的

图5-21　崂山八仙墩海蚀洞

图5-22　石老人

岩滩外缘，矗立着“石老人”海蚀柱，酷似一远眺大海的老翁。海蚀柱实测高度为18.84米，柱基长15米，宽7米。柱身中部有一海蚀穿洞，高4米，平均宽2.5米。石老人海蚀柱以其天然雕琢的奇态异姿，成为青岛的游览胜景之一。

5. 蓬莱角

老北山至蓬莱阁（图5-23）所在的丹崖山组成蓬莱角，由白垩纪火山凝灰岩、火山岩及震旦纪石英岩、片岩等变质岩构成海岸，海蚀地貌发育。蓬莱阁古建筑群矗立于红色砾状石英岩构成的丹崖山顶，北侧下临高达30米的海蚀崖，沿岸分布狭窄的砾石滩及宽100米左右的岩滩，为中国北方著名游览胜地。

图5-23 蓬莱海蚀地貌

袖珍雅致——山东火山地貌

山东省火山岩的规模比侵入岩小，但其分布仍较广泛，岩石类型亦多样，形成了丰富的火山地貌。

一、地貌特点

山东省的火山地貌按其形成时代可分为中生代火山岩地貌与新生代火山岩地

貌。其特点是规模小、时代晚，袖珍雅致。

二、区域分布

新生代以来的火山活动遗留下了许多遗迹，较为知名的火山遗迹有十余处，主要分布在昌乐、临朐、青州、即墨、蓬莱、无棣等地。构成火山熔岩地貌的岩石，主要为碱性橄榄玄武岩、碱性橄榄粗玄岩、霞石辉橄岩及玻基辉橄岩，局部为火山集块岩、角砾岩及凝灰岩等火山碎屑岩类。火山活动的产物，经后期构造活动的影响和外力剥蚀改造，形成的地貌类型分为熔岩台地、熔岩穹丘、熔岩方山及火山锥。

三、典型代表

滨州无棣碣石山、昌乐团山子、即墨马山是山东火山地貌的典型代表。

1. 碣石山

碣石山（图5-24）位于无棣县城北30千米处的碣石山镇境内。碣石山，又名无棣山、盐山、马谷山、大山。海拔6.5~63.4米，系73万年前火山爆发喷出而形成的锥形复合火山堆，是我国最年轻的火山，也是华北平原地区唯一露头的火山，被誉为“京南第一山”，属一中心式喷发形成的火山锥状地形。碣石山的历史非常悠久。据旧县志记载，古时该山近河傍海，距海口仅十余里，为导航标志之山，人称碣石山。碣石山是新生代晚期形成的火山，由强碱性玄武岩组成。这是一座天然的火山博物馆，保存有各式各样的火山地质遗迹：中心式喷发的火山机构，“红顶绿底”的玄武岩层，含有大量新鲜的橄榄岩捕虏体的玄武岩，气孔状构造发育的玄武岩，保留岩浆流动时形成的绳状、火焰状构造的玄武岩，由火山弹、火山豆、火山灰组成的火山岩层，典型的火山洞穴遗迹等。

2. 昌乐火山

昌乐是山东省东部新生代火山岩的主要分布区，存在较多典型的古火山机构地质遗迹，在乔官—北岩一带尤为集中，是山东省规模最大、保存最完整、特征最典

图5-24　碣石山

型的古火山口群。新近纪时期，该地区构造活动趋于强烈，燕山期形成的郯庐断裂带（图5-25）重新活动，从而引发了玄武岩岩浆喷发。玄武岩岩浆以郯庐断裂带为中心，沿北西向断裂喷发，在北西向与北东向断裂交会处，火山活动尤为强烈。由于郯庐断裂活动深达上地幔，使其周围压力骤然降低，促使上地幔物质部分熔融，玄武岩浆挟带未熔融的深源部分顺断裂上升，喷发溢出，形成由整齐规则的五棱或六棱型黑色玄武岩石柱组成的大小、形状各异的火山机构，区域内共有大小火山200余座，以锥状火山和盾状火山为主，或数峰相连、成群出现，或孤立一处、拔地而起，总体上具有浑圆的外貌，少陡崖峭壁，少见分明的棱角。岩浆喷出地表时，由高温到低温的骤然变化及岩浆的结晶分异作用，形成柱状节理，记录着当年熔岩喷发的壮烈气势。公园内柱状节理景观典型，有垂直状、倾斜状、弯曲状等，形态典型，柱体随所处位置不同而异，粗细不同，其内含大量的橄榄岩包体及透长石巨晶，使岩石更具有科研和观光价值。乔山（图5-26）、团山子（图5-27）和北岩古火山是典型的新生代火山机构的代表。

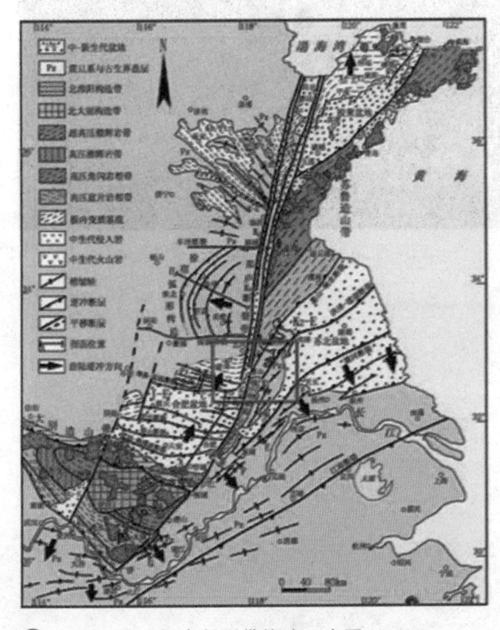

图5-25　郯庐断裂带构造示意图

图5-26　乔山——锥状火山代表

图5-27　团山子火山口

3. 即墨马山火山

马山（图5-28）位于青岛市城区蓝岙路北侧，地貌上属丘陵，是城区西部剥蚀平原上的一座孤丘，由五个小山头组成，分别为马山、大山、宝安山、团山、长岭，因形如马鞍得名“马鞍山”。其最高点海拔231米，最低海拔30米，相对高差201米。马山山体圆凸，坡度20° ~25° 。马山主要火山地貌为岩石柱状节理，面积仅7.74平方千米。岩体由中生代中酸性火山岩——安山玢岩组成，为1亿年前岩浆涌现地表冷凝而成。山之西南部呈现四方柱状节理，柱体截面直径为1米左右，高30余米，笔直挺拔，排列紧密，宛如一片密林，蔚为壮观，故名“马山石林”。岩石柱状节理多发育于玄武岩中，一般呈六棱或五棱柱状，而马山石林则发育于安山岩中，且呈四方形，在地质学中较为罕见。

图5-28 即墨马山石林

Part 6

走向和谐——地貌与人类的关系

地貌对人类有着深刻的影响，控制、决定着人类活动的方式和内容。人类很早就学会了选择、利用地貌资源，并在生产活动中改变着地貌的原始形态。从人类文明出现以来，人类对地貌的态度经历了从原始的依赖和敬畏，到藐视和征服，再到树立保护理念的转变，相应地对地貌的利用也经历了从被动适应到主动选择、从大规模的改造再到合理保护的过程。人类对地貌的认识不断地发生着改变，人与地貌正逐步走向和谐。

地貌影响人类活动

在人类文明初期，某一地理环境对成长于其中的人类共同体的物质生产活动情况具有决定性的影响，并进而决定人类文明的类型及其发展进程。地貌是地理环境的重要基础要素之一，也不同程度地决定着气候、水文、植被、土壤等其他对人类有重大影响的地理环境要素，并控制着农业、工业、交通等人类生产活动的布局和类型。

一、地貌决定农业生产类型和布局

地貌是影响农业生产类型和布局的重要因素。不同级别、不同类型的地貌通过影响气候、植被和土壤，影响着区域农业发展。

平原地区一般土壤肥沃，地下水丰富，便于灌溉和机耕，是重要的农业生产基地，但平原地区易受洪涝和盐碱化的影响。如我国华北平原、东北平原、长江中下游平原、珠江平原是我国最主要的粮食产区。

就高原而言，因其气候条件差异，农业利用条件相差也较大。蒙古高原、青藏高原降水量较少，地下水缺乏，以发展牧业为主；黄土高原地区塬、墚、峁的顶部和沟谷地区也是理想的耕种地区。

山地、丘陵地区，灌溉较为困难，耕种条件较差，适于发展林业和牧业，部分坡度较小的区域可以用来进行农业耕种。一般而言，坡度小于25° 的可修筑梯田发展种植业，坡度大于25° 的可发展成林业或养殖业。

地貌还影响农业的机械化水平程度，平原区机械化水平较高，山区机械化水平较低。地形对工业影响较小。图6-1表明世界农业类型的分布与地貌类型的分布有相当大的契合性。

二、地貌控制着工业生产格局

不同的地貌区域会有不同的资源禀赋条件、自然条件和交通条件，从而影响工业布局。平原、丘陵等地区地形简单、交通方便，工程投资较少，基建速度更快，

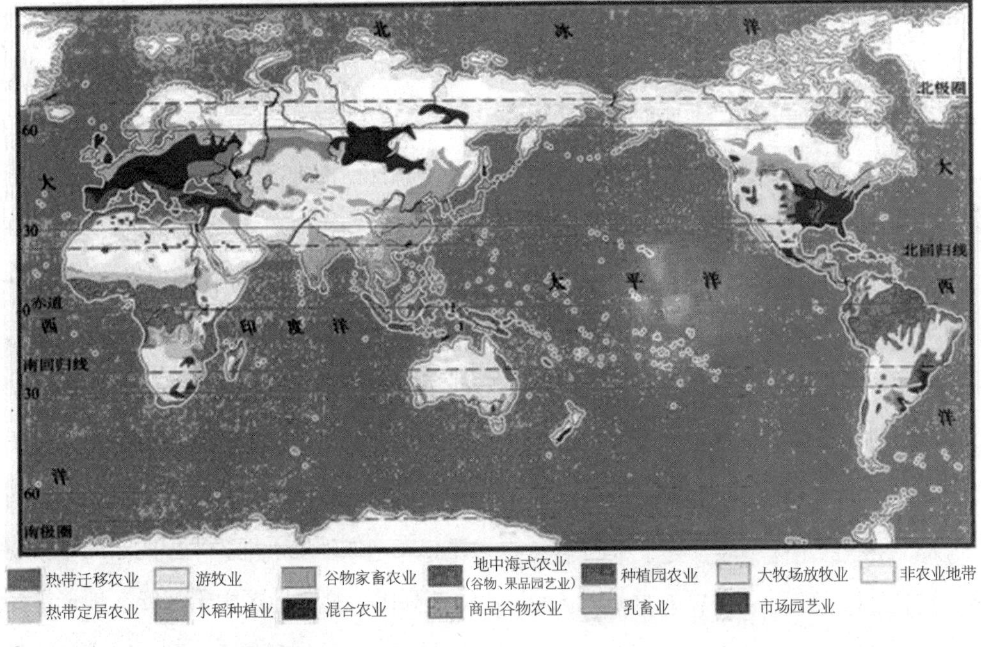

图6-1 世界农业类型分布

适于发展大型工业。高海拔的高原、山地地区由于气候恶劣、人口稀少、交通不便、生态环境脆弱，不适于发展大型工业。

部分工业选址要考虑到地质基础。平原地区土层厚、地基松软，地基须加固、防水，对部分高层建筑、重工厂等基建投入较大。不同的地貌区容易发生不同的自然灾害，对工业的发展产生一定影响。山区多洪水灾害，以及崩塌、滑坡、泥石流等地质灾害，平原地区多地面沉降，岩溶地貌区多地下溶洞，容易出现岩溶塌陷，因此，工业选址必须考虑避开这些地质灾害隐患。

三、地貌影响着交通运输等工程建设的布设

地貌影响交通运输线的走向与形状。丘陵山地交通运输线，一般分布在地势相对和缓的山间盆地和河谷地带，形态上一般呈“之”字形（图6-2）；平原地区的交通运输线呈网状分布。山区交通运输方式多以公路为主，而后才是铁路。一般而言，平原地区交通运输建设成本低于山区。

地貌影响交通运输网的密度。山区交通网密度小，平原区密度大。大地形单元交界处易形成交通要道，如西北地区和华北地区的交通联系几乎都要经过河西走廊；大型山脉的垭口也易形成交通要道，如中尼公路、中巴公路就经过多个垭口。

许多工程建设也需考虑地形地质因素。如水库需要避开断层，坝址多选择在峡谷处，地铁多修筑在背斜下方等。

四、地貌影响人口聚落分布

人口密集的地区一般都处于平原、盆地、河谷地区。比如，世界上著名的“四大文明古国”——古埃及、古巴比伦、古印度、古中国都产生于易于耕作、物产丰富的大河流域平原地区，这些地区人口较为密集。直到今天，平原、盆地、河谷地区仍是最适宜人类居住之地。比如印度和中国东部沿海地区由于地势平坦，是世界上目前人口密度最为集中的地区之一。

平原、盆地、河谷地区由丁地形开阔，易于城市的扩张和建设，也是大型城市的首选之地。比如世界著名城市纽约位于美国东部沿海平原地区，日本东京位于关东平原，中国的北京、上海、广州、南京也无一例外处于地势平坦的平原地带。

高山、高原地区由于气候、地形等条件限制，往往人口稀少。从中国人口分布图（见图6-3），可以清晰地看出人口密

图6-2　二十四拐（位于贵州省黔西南州晴隆县县城南郊1千米，盘旋曲行于雄峻陡峭的晴隆山脉和磨盘山之间的一片低凹陡坡上，有一夫当关、万夫莫开之势。俗称二十四道弯，又称史迪威公路）

度与地形地貌的关系。我国人口稀少的省份，比如西藏、甘肃、内蒙古、新疆等，是我国海拔较高，高原、山地分布较多的地区。

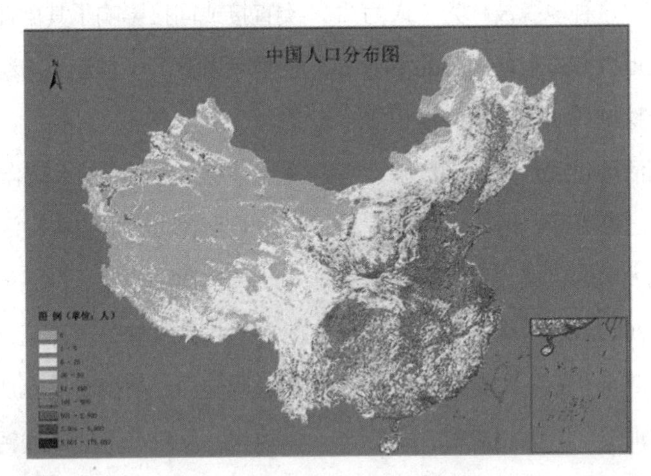

图6–3　中国人口分布

人类加速改造地貌

人类活动是一种影响地貌的非自然营力，已成为塑造地貌的重要营力。

人类活动对地貌形态和过程的影响范围非常广泛，既包括有意识的挖掘、采矿等直接过程，又包括无意识的耕地的剥蚀、边坡失稳等所带来的影响，既有建设性也有破坏性。专家研究发现，人类活动对地球的改造大大超过了自然。目前，人类活动对地球表面改变的程度，几乎是自然的地质运动过程对地球改变程度的10倍。人类对地球的改造，正在以指数的速度增长。

一、人类活动直接改造地貌

人类不仅仅只是选择适合于自身的地貌环境，还对自然地貌有着改造作用。随着工业社会的发展，人类也由以往对自然的依赖跃进到对自然的征服。有些人类活动直接改变了地貌，在生产和生活中还不断地改造和变更自然地形，从而形成新的地形地貌，这种地貌被称为“人为地貌”。从改变地貌方式上，人类的活动主要包括人类的挖掘活动和人类的堆积活动。人类的挖掘活动包括开采矿产资源、开挖运河、修建道路等等，造成山体地貌的破损，并形成大量的采坑、采空区、塌陷地和地貌破损面，给地球原始地貌带来“千疮百孔”（图6-4）。人类的堆积活动，主要包括填海造陆、围湖造田、采矿和工程建设形成的渣石堆和尾矿库、生活垃圾堆放等等。人为地貌包括水利工程、交通工程、工业工程、耕作工程、军事工程、地貌恢复治理工程、城市和聚落等。

二、人类活动间接改造地貌

人类活动影响风化过程、剥蚀过程、坡度过程、河流过程、海岸过程等地貌发育过程，进而间接地改造了原有地貌。人类直接或间接影响了其中任何因素，都会使地貌发育产生加速、滞缓或出现新的形态。

1. 人类活动影响风化作用

工业活动产生的各种污染会改变地貌风化的性质和速度。燃烧化石燃料释放大量的氧化硫气体，上升至云层以酸雨的形式返回地面，与岩石反应加速了岩石的化学风化，反应产生的硫酸钙和硫酸镁等盐类会加速岩石的物理风化。

2. 人类活动加剧了流水剥蚀、风蚀等对地貌的剥蚀作用

人类挖矿、工程建设、滥垦、滥牧、滥伐等活动，导致地表植被、土壤的大量破坏，加剧了水土流失过程，从而人为

图6-4　人类活动将原始地貌变为“千疮百孔”

加速了地貌剥蚀效应。据估计，美国地表径流每年挟带400万吨泥沙进入河流，3/4来自于农田，1/4来自于风蚀。植被可以削弱溅蚀、减少径流和抵抗流水剥蚀，进而保护其下的土壤和地貌。若植被遭到破坏，土壤和地貌的剥蚀速率将会大大提高。例如，美国科罗拉多最近100年的土壤剥蚀速率为1.8毫米/年，而在此前300年剥蚀速率仅为0.2~0.5毫米/年，这个速率的大幅度跃升是该地区大量开展养牛活动的结果。

3. 人类活动引起滑坡、崩塌、泥石流、土屑蠕动等地貌坡地过程的加剧

许多自然地区都处于极限平衡状态，人类工程建设中采取边坡开挖、堆砌土石、改变斜坡形态等方式，容易导致坡脚物质被切割，造成坡地失稳而发生滑坡和崩塌；切割的物质堆到下方的斜坡上以增加路面的宽度，降水渗入其中和路面载荷常常容易造成松散堆积物滑坡与崩塌。这类例子不胜枚举，在我国南方地区较为常见。

4. 人类活动改变了河道和海岸的剥蚀速度

城市化会引起河流洪水的强度和频率的增加，河流会剥蚀河岸而展宽，并引起河岸崩塌和建筑物基础遭受剥蚀。修建大坝引起的河流泥沙量的变化，可以造成上游河道的加积和下游河道的下切。修建水库和开采河道砂石，造成了入海泥沙补给减少，引起了海滩剥蚀加强，海滩变窄，海滩上的沙变粗。

人类一些其他的活动也可以引起海岸剥蚀。例如海岸带植被的改造使得植被对地表的保护作用减弱，从而使地表暴露而遭受剥蚀。与此同时，人工挖掘海岸沙滩也可以加速海岸剥蚀。中国海岸剥蚀主要出现于废弃三角洲前缘地带和现代三角洲局部地区。如江苏废黄河口附近，1855年至1970年岸线平均以每年147米的速度后退，20世纪70年代以来岸线后退速率仍为20~40米/年。

三、人类活动改造地貌正在加快

人类活动对地貌的改造和破坏作用逐步呈现出自然地貌人工化、完整地貌碎片化、改造面积扩大化、改造速度加速化的特点。

1. 自然地貌在不断消减，不断被人工地貌所取代

自工业革命以来，人类城市化、工业化不断扩张和加速，城镇面积在迅速扩大，与之伴随的是，越来越多的原始地貌被挖掘、夷平和表面混凝土化，越来越多的自然地貌形态被人工地貌形态所替代。

城镇迅速扩张过程，就是人工地貌迅速扩张、自然地貌迅速缩减的过程。特别在城镇等人类聚居的区域，无数的平原、丘陵、河谷等由自然地貌迅速被城市森林、混凝土地表等人工地貌所替代。据来自卫星遥感图像的数据显示，我国城市建成区面积在过去20年中增加了2倍以上，一些城市的建成区更是扩张了20倍以上。仅1990年至2000年的10年间，中国城市的建成区面积就从1.22万平方千米增长到2.18万平方千米，增长78.3%；到2010年，这个数字达到4.05万平方千米，又增长85.5%。这一数据不仅体现了城市化的进程，也体现了自然地貌面积消减和人工地貌面积增长的幅度和速度。

2. 地貌的完整性遭受不断的破坏

人类总人口、生产规模和消费规模的持续增长，对自然资源的消耗总量也在持续高速增长，由此导致矿产资源开采规模的不断扩大。矿产资源开采对地貌形态的破坏作用直接而巨大，大量原本自然、完整的山地被采挖得“千疮百孔”“山河破碎”，带来严重的视觉污染。以山东省为例，据保守统计，山东省露天矿产资源的开采已导致5 000多座自然山体受损。除此外，大量的山地、平原、河流被越来越庞大的混凝土交通网络和城镇、乡村等人工地貌群所割裂和包围，原本完整的自然地貌形态呈现碎片化。

3. 人类活动对地貌的改造在面积、速度和能力上呈现不断加速、扩大之势

人类活动对地貌的改造面积和改造速度，与工业化、城市化、科技发展速度是成正比的。从新石器时代到工业文明开始的1.8万年期间，人类改造自然主要依靠斧头、锤头、铁锹等简单的石制、铁制工具，改造地貌的速度和过程是相当缓慢的，对地貌形态的改变也是微乎其微的。自工业文明开始至今不到300年的时间里，人类从发明了蒸汽机械、炸药，到后来制造出了先进、自动化的挖掘机械、推土机械、装载机械、吊装机械等等，人类开挖、搬运、卸载土石方的工具越来越先进，人类活动对自然地貌的改造和破坏速度、效率越来越高，建造人工地貌的速度和效率也越来越高，并远远超出了自然界构造运动、风化、剥蚀、搬运和堆积的速度。

在奴隶社会、封建时代，人类面对高山大川，能够采取的改造措施非常有限，就连修条狭窄的山路都异常艰难，“愚公移山”只是存在于人类的幻想和美丽传说中。而仅仅过去了一两千年，现在的人类

就已经可以借助机械相对轻松地用较短的时间完成隧道开挖、盘山公路建设、矿产资源开采等山地改造工程，甚至只需要十几年甚至几年的时间就可将一座经由上千万年乃至上亿年自然地质过程形成的美丽山体夷为平地，“挪山造海”对于现在的人类而言已经不在话下。我们可以想象，如果可以拿几千年前、几百年前与当前的地球卫星遥感图像进行对比的话，可以明显地观察到自然地貌的消减、破坏和人工地貌增长的加速过程。从几十万米高空来看，在几千年前，可能只能隐约识别出金字塔、长城等少数巨型人工地貌，大部分区域呈现出自然地貌的形态、无法看到人为的迹象。在几百年前工业革命开始之前，则可以隐约识别出一些少量城市的人工地貌以及部分农业耕作区域的特征；而当今从几十万米的高空来看，除少数人烟稀少的地区保持自然地貌形态外，交通线、交通枢纽、水利设施、城市等人工地貌的痕迹已经占据了地球表面很大比例，并可以轻松地识别出来，同样也可以清晰地看到地球的大量“伤疤”——自然地貌被人工开挖、分割的痕迹（图6–5）。

面对这种地貌景象的变化对比，我们在为人类文明的高度发达而感到骄傲的同时，是否也会为人类地球家园的未来前景感到深深的忧虑呢？

图6–5　人类工程活动造成地貌严重破损的痕迹

保护地貌人人有责

庆幸的是，人类在改造自然的同时，也逐渐认识到了人类活动对地貌的破坏作用，并有意识地采取一些措施，预防和治理对地貌造成的破坏和不良影响。与此同时，人类对地貌不断进行探索，采取了更加合理的利用方式。比如我国采取设立地质遗迹保护和地质公园、开展破损地貌的恢复治理等，加强了对地貌的保护和合理利用。

一、地质公园

地貌具有重要的美学价值和科研科普价值。近年来，地貌的保护与利用逐渐受到人类的高度重视。2000年以来，我国按照“在保护中开发、在开发中保护”的思路，组织开展了地质公园的申报建设工作，对地貌的宣传、保护和合理利用起到了有效的促进作用。

我国早在1985年就提出了建立国家地质公园的设想，把它作为地质自然保护区的特殊类型。1999年12月，国土资源部在山东省威海市召开“全国地质地貌保护工作会议”，重新提出了建立国家地质公园

——地学知识窗——

地质公园

国家地质公园以具有特殊的科学意义、稀有的自然属性、优雅的美学观赏价值、一定规模和分布范围的地质遗迹景观为主体，融合自然景观与人文景观并具有生态、历史和文化价值，以地质遗迹保护，支持当地经济、文化和环境的可持续发展为宗旨，为人们提供具有较高科学品位的观光游览、度假休息、保健疗养、科学教育、文化娱乐的场所，是地质遗迹景观和生态环境的重点保护区、地质科学研究与普及的基地。

的设想，此举受到联合国教科文组织驻中国代表的重视。为了更好地推动我国地质遗迹保护工作，国土资源部决定成立国家地质公园领导小组，组织实施地质公园申报和建设工作。此后，地质公园申报和建设得到了大力推进，并取得了良好的经济、社会和环境效益。截至2014年1月，国土资源部已公布7批共240家国家地质公园。具有较高科研科普和观赏价值的地貌，是地质遗迹的重要组成部分。联合国教科文组织第29次大会决定“建立具有特殊地质特色的全球地质景区网络”，156次执行局会议为了贯彻这一决定，决议启动联合国教科文组织世界地质公园计划（UNESCO Geopark Program）。选择地质上有特色、兼顾景观优美、有一定历史文化内涵的地质遗址（区、点）建立地质公园，以期把地质公园自然景观与人文历史紧密结合起来，强调要把地质遗迹的保护与地方经济发展紧密结合，要把地质公园的开发与生产资料教育紧密结合，要把地质遗迹的保护与地质研究紧密结合，要把地质公园的发展与当地民众就业特别是残疾人就业紧密结合，强调为了保护地质遗迹要重视开发，以开发来促进保护。为此，UNESCO建立了世界地质公园计划秘书处、世界地质公园咨询委员会及世界地质公园专家小组，开展可行性研究，制订计划、方案和实施指南。我国被选为首批世界地质公园试点国。

二、地貌的恢复补偿

减少温室和酸性气体排放，防治全球变暖进程，可以减弱人类活动对风化过程的影响，进而间接地预防地貌的加速剥蚀。

防治水土流失治理，可以减弱地貌剥蚀过程。引发水土流失的生产建设活动主要有陡坡开荒、不合理的林木采伐、草原过度放牧、开矿、修路、采石等。世界各国，特别是发达国家高度重视水土流失治理工作。

加强建设工程环境影响评价，可以最大可能预防工程建设对地貌发育过程造成的不良影响。我国通过对建设工程开展环境影响评价、地质灾害危险性评估、水土流失评估等工作，就建设过程可能对风化过程、剥蚀过程、坡地过程、河道过程、海岸过程产生的不良影响进行评估评价，对可能产生较大环境影响的工程建设项目在项目立项阶段即叫停，禁止在生态地质环境脆弱区或各类风景名胜区、自然保护区开展工程建设活动，最大可能地防范工程建设对地貌过程产生的不良影响。

采取工程措施对受损的地貌开展治理是地貌修复的重要措施。建立“谁破坏、谁治理”的责任机制，督促建设单位或矿山开发企业履行河道、岸堤及地貌等的恢复治理义务。对已造成破损或破坏的，投入资金，通过采取清淤、岸坡加固、覆土、消除危岩、锚固、挂网喷薄、植树绿化、土地复垦措施，对受到破损的河道、河堤、海岸、地貌进行人工恢复治理，恢复其生态地质环境，是保护地貌最直接、最有效的措施。

参考文献

[1]曾克峰, 刘超, 于吉涛. 地貌学教程[M]. 武汉: 中国地质大学出版社有限责任公司, 2013.

[2]杨景春, 李有利. 地貌学原理[M] 第3版. 北京: 北京大学出版社, 2012.

[3]陈安泽. 旅游地学概论[M]. 北京: 北京大学出版杜, 1991.

[4]陈安泽. 旅游地学的理论与实践[M]. 北京: 地质出版社, 1997.

[5]孔庆友. 山东地学话锦绣[M]. 济南: 山东科学技术出版社, 1991.

[6]陈国达. 武陵源峰林地貌的成因及其开发与保护. 地理学与国土研究, 1991, 9(3):1−6.

[7]郭康. 嶂石岩地貌之发现及其旅游开发价值[J]. 地理学报, 1992, 47(5): 461−470.

[8]彭华. 中国丹霞地貌研究进展[J]. 地理科学, 2000, 20(3):203−211.

[9]彭华, 潘志新, 闫罗彬. 国内外红层与丹霞地貌研究述评[J]. 地理学报, 2013, 68(9):1170−1181.

[10]张序强. 地貌的旅游资源意义及地貌旅游资源分类[J]. 资源科学, 1999, 21(6):18−21.

[11]丁新潮, 徐树建, 倪志超. 山东岱崮地貌研究综述[J].山东国土资源, 2014, 30(11):32−35.